A. GOIN, libraire, quai des Grands-Augustins, 41,

LE JARDIN DU PRESBYTÈRE, DE L'ÉCOLE ET DE LA FERME.

TRAITÉ
DE LA GREFFE

DES ARBRES FRUITIERS ET SPÉCIALEMENT

DE LA

GREFFE DES BOUTONS A FRUIT

PAR

L'Abbé D. DUPUY,

Professeur d'Histoire naturelle et d'Horticulture,
Secrétaire de la société d'Agriculture et d'Horticulture du Gers,
Membre d'un grand nombre de sociétés Savantes, Agricoles
et Horticoles françaises et étrangères.

Avec 24 Planches lithographiées.

PARIS
LIBRAIRIE CENTRALE D'AGRICULTURE ET DE JARDINAGE.
QUAI DES GRANDS-AUGUSTINS, 41.

1859

A. GOIN, libraire, quai des Grands-Augustins, 41, PARIS.

TRAITÉ

DE LA GREFFE

2661

AUCH, IMPRIMERIE ET LITHOGRAPHIE DE FOIX FRÈRES.

DÉPOT LÉGAL
Gers
N° 199
185

TRAITÉ
DE LA GREFFE

DES ARBRES FRUITIERS ET SPÉCIALEMENT

DE LA

GREFFE DES BOUTONS A FRUIT

PAR

L'Abbé D. DUPUY,

Professeur d'Histoire naturelle et d'Horticulture,
Secrétaire de la société d'Agriculture et d'Horticulture du Gers,
Membre d'un grand nombre de sociétés Savantes, Agricoles
et Horticoles françaises et étrangères.

BIBLIOTHÈQUE IMPÉRIALE IMPR.

Avec 24 Planches lithographiées.

PARIS
LIBRAIRIE CENTRALE D'AGRICULTURE ET DE JARDINAGE.
QUAI DES GRANDS-AUGUSTINS, 41.
AUCH, L.-A. BRUN, LIBRAIRE-ÉDITEUR
1859

AVANT-PROPOS.

La plupart des livres sérieux sur les jardins sont des ouvrages très bien faits, comme, par exemple, ceux de La Quintinie, Duhamel, Noisette, Thouin, Lelieur, Dubreuil, Hardy, et bien d'autres qu'il serait trop long d'énumérer. Mais presque tous ces livres sont à peu près exclusivement écrits pour ceux qui ont déjà des connaissances scientifiques étendues sur la botanique et la physiologie végétale ou tout au moins sur l'art, je pourrais presque dire aujourd'hui la science de l'horticulture.

Il n'y a donc que les jardiniers de profession ou bien ceux qui ont suivi avec assiduité les cours de culture qui se font dans les grands centres qui puissent les lire avec avantage et en tirer un véritable profit.

Plusieurs sortes de personnes sont d'ordinaire dans une situation à ne pouvoir pas en profiter, ou bien parce qu'elles n'ont pas reçu une instruction suffisante dans leur enfance, ou bien parce que leurs études ont été dirigées d'un autre côté. Ce sont :

1° Les petits propriétaires ou cultivateurs ayant reçu une instruction élémentaire, mais occupés à travailler eux-mêmes ou à faire travailler leur propriété sous leur direction et en leur présence;

2° Les instituteurs qui d'ordinaire ont reçu l'instruction dans le département où ils la donnent eux-mêmes, et qui, presque toujours, ont la jouissance d'un jardin attaché à leur maison d'école;

3° Les curés de campagne qui ont à peu près invariablement un jardin attenant à leur presbytère;

4° Les jeunes gens qui, terminant leurs études scolaires, se proposent de retourner à leurs champs et de trouver loin du bruit des villes des occupations paisibles par un travail utile et vertueux.

Ces catégories de personnes cultivent elles-mêmes leur jardin ou le font cultiver sous leurs yeux et le plus souvent sous leur direction, par l'impossibilité où elles se trouvent d'avoir sous la main des jardiniers un peu habiles à un prix en harmonie avec leurs modestes ressources.

C'est pour ces hommes si utiles à leur pays que j'ai écrit quelques traités dont je publie aujourd'hui le premier.

Comme eux, j'ai cultivé et je cultive encore mon jardin. Je greffe et je taille moi-même mes arbres fruitiers. J'ai commencé à le faire à l'âge de quatorze ans, et, si j'ai été éloigné pendant quelques années de cette délicieuse distraction par les études scientifiques auxquelles j'ai dû me livrer, je n'ai jamais entièrement cessé de m'en occuper. Depuis une dizaine d'années, j'ai retrouvé avec bonheur ces occupations de mon enfance embellies par les nombreuses applications des sciences naturelles.

Qu'on ne croie pas, toutefois, que je prétende exclure la science de l'horticulture de mes livres.

Je veux, au contraire, l'y mettre tout entière dans ses résultats; mais j'espère qu'elle y sera toujours un peu cachée et énoncée avec assez de simplicité pour ne jamais effrayer personne.

Les termes scientifiques y seront évités autant que possible, et le petit nombre de ceux qui seront jugés indispensables seront expliqués avec soin. En outre, un dictionnaire de tous les termes employés dans chaque volume sera soigneusement placé à la fin de chacun d'eux.

De nombreuses figures sont nécessaires pour parler aux yeux, afin de faciliter l'intelligence du texte. Aussi, n'ont-elles pas été épargnées dans chacun de ces traités spéciaux.

En un mot, nous avons pris tous les moyens en notre pouvoir afin de faciliter à tous la connaissance des matières que nous avons essayé de traiter. Heureux si nous avons un peu réussi, et si nos petits livres peuvent être utiles aux diverses classes de lecteurs que nous avons spécialement en vue.

AU LECTEUR

DU TRAITÉ DE LA GREFFE.

Les jeunes gens dont nous avons parlé plus haut, les petits propriétaires, les cultivateurs, les instituteurs et les curés de campagne savent presque tous greffer leurs arbres fruitiers. L'opération de la greffe est aujourd'hui si usuelle que presque personne n'ignore l'art de greffer au moins en fente et en écusson; mais beaucoup ignorent encore toutes les ressources que l'on peut tirer des espèces de greffes si diverses et si nombreuses imaginées les unes par le caprice, les autres, pour la plupart, par les nécessités ou l'utilité de la pratique éclairée de l'horticulture.

Il est, toutefois, une section dans l'art de greffer, dont il a été encore bien peu question dans les livres d'horticulture. Je veux parler des diverses sortes de *greffes de boutons à fruit*.

Les greffes de boutons à fruit ne sont en usage que depuis très peu d'années, et ce n'est que de l'année dernière, peut-on dire, qu'elles se sont un peu vulgarisées.

Ces greffes offrent certainement un grand intérêt à tout le monde, mais elles n'offrent à personne un plus grand attrait qu'aux petits propriétaires, aux instituteurs, aux curés de campagne et aux jeunes gens qui terminent leurs études scolaires. Tous peuvent se donner le plaisir de faire eux-mêmes ces greffes, et de jouir immédiatement du résultat.

Les greffes de boutons à fruit que l'on fait en septembre ou au commencement du printemps donnent, dès l'été ou l'automne suivants, selon les espèces qu'on a greffées, des fruits plus beaux que ceux que l'on obtient sur l'arbre d'où l'on a tiré les greffes.

Je m'arrête ici; mon intention n'a été que d'indiquer la spécialité de ce petit traité. On trouvera dans le corps de l'ouvrage tous les détails sur lesquels il est inutile d'anticiper.

TRAITÉ

DE LA GREFFE

ET SPÉCIALEMENT

DE LA GREFFE DE BOUTONS A FRUITS.

Définition de la Greffe.

La greffe est une partie vivante d'un végétal, qui, unie avec une autre ou insérée dedans, s'identifie avec elle et y croît comme sur son pied naturel lorsque l'analogie entre les individus est suffisante (1).

D'où il suit qu'on appelle *greffer* l'opération par laquelle on applique sur un végétal une portion

---

(1) André Thouin, *Cours de Culture.*

prise sur un autre végétal pour qu'elle s'y unisse et y croisse (1).

L'arbre sur lequel on place la greffe porte le nom de *sujet.* On lui donnait le plus souvent autrefois le nom de sauvageon : mais on réserve aujourd'hui plus spécialement ce dernier nom pour les sujets nés par hasard de pépins ou de noyaux qui n'ont point été semés volontairement de main d'homme.

CHAPITRE PREMIER.

Historique de la Greffe.

L'opération de la greffe a été connue dès les temps les plus reculés. Il est probable que la première idée en sera venue à des hommes qui auront observé deux arbres voisins se touchant par un seul point, sur lequel l'écorce aura été enlevée par le frottement, et qui se seront soudés l'un avec

(1) HARDY, *Traité de la Taille des Arbres fruitiers*, 4e édit., p. 261, no 172.

l'autre par les parties écorchées de leur écorce et de leur bois.

Quoi qu'il en soit, il est certain que les auteurs carthaginois, grecs et latins, qui ont touché à l'agriculture ou à l'horticulture par quelques points de leurs ouvrages, ont, tous, indiqué la greffe des arbres fruitiers comme pratiquée à leur époque. Ils en ont même parlé comme d'une opération commune, et dont on ne pouvait guère indiquer l'origine, tant elle se perdait dans la nuit des temps (1).

Tout le monde se souvient de ce vers du premier des poètes latins :

Insere, Daphni, pyros, carpent tua poma nepotes.

Greffe tes poiriers, ô Daphnis, tes descendants en cueilleront les fruits.

Il serait très facile de citer beaucoup de textes,

---

(1) La greffe a été indiquée, décrite ou perfectionnée chez les Grecs par Aristote, Théophraste et Xénophon; chez les Carthaginois par Magon; chez les Romains par Virgile, Pline, Varron, Constantin César et Columelle; dans des temps moins reculés, chez les Allemands, par Kuffner Agricola, Sikler et Scheidweiler; chez les Anglais par Miller, Forsyth, Lyndley; en France par Olivier de Serres, La Quintinie, Du Hamel, Rosier, Cabanis, Thouin, Noisette, Tchudy, Poiteau, Lelieur, Puvis, Dubreuilh, Hardy, Luizet et une foule d'autres.

mais ce serait, il me semble, un luxe bien inutile d'érudition dans un livre spécialement destiné à faire ressortir ce qui est directement pratique, ou du moins, ce qui, purement théorique, est néanmoins indispensable pour mener à une bonne pratique.

Bien que la greffe eût été connue des anciens, ils étaient loin de soupçonner tous les avantages qu'on pouvait en retirer. Ce sont les auteurs modernes qui les ont surtout signalés et développés. Olivier de Serres traita ce sujet dans son *Théâtre d'Agriculture* avec toute la perfection dont elle était susceptible de son temps. Ce fut toutefois *La Quintinie,* qui, dans un livre demeuré l'un des plus beaux monuments français élevés à la science et à la pratique de l'horticulture, sut le premier, parmi les auteurs modernes, faire ressortir les avantages de la greffe (1). Mais il arriva de son temps, comme toujours, que l'on alla jusqu'à l'ex-

---

(1) *Instruction pour les Jardins fruitiers et potagers*, 2 vol. in-4°, 1747; et l'*Art ou la manière particulière et sûre de tailler les Arbres fruitiers*, in-4°, 1549.

cès. Bien des personnes s'imaginèrent qu'il suffisait d'employer la greffe pour changer tous les arbres de nos forêts en autant d'arbres fruitiers capables de produire les fruits les meilleurs et les plus savoureux.

On essaya, en conséquence, de toutes ces greffes que l'on peut, *à priori,* considérer comme impossibles, et dont l'essai, d'ailleurs, a été suivi de l'insuccès le plus complet toutes les fois qu'elles ont été expérimentées.

Aussi doit-on hardiment traiter de pures fables toutes ces histoires merveilleuses des produits monstrueux de la greffe, qui, se répétant de proche en proche et de génération en génération, se sont suffisamment accréditées pour arriver jusqu'à nous.

On peut même dire qu'il n'est pas rare de trouver encore aujourd'hui des hommes assez instruits, d'ailleurs, sur d'autres matières, qui posent très sérieusement la question de savoir :

— Si un pêcher greffé sur un saule ou sur un peuplier ne donne pas des fruits monstrueux, mais tellement amers et spongieux qu'il est impossible de les manger ?

— Si un oranger greffé sur le houx ne pourrait pas vivre en pleine terre et supporter la rigueur de nos hivers?

— Si un rosier greffé sur un *groseillier cassis* ne donne pas des roses noires ?

— Si un rosier greffé sur le houx ne donne pas des roses vertes ?

Et mille autre questions de ce genre, ayant toutes pour résultat des faits entièrement absurdes pour quiconque a très légèrement étudié un peu de physiologie végétale.

On trouve même des personnes, en assez grand nombre, qui assurent que tels et tels de leurs amis ont vu et touché les faits ou les résultats des faits qu'ils racontent.

Quelques-uns poussent la naïveté ou l'outrecuidance jusqu'à affirmer qu'ils ont vu de leurs propres yeux les merveilles qu'ils racontent.

Nous devons cependant avouer que ces derniers cas sont fort rares.

Concluons, en conséquence, que tous ces faits sont matériellement impossibles vu les lois que le Créateur a imposées à la végétation; et, sans cher-

cher à réfuter sérieusement ces absurdités, nous dirons dès à présent que, pour réussir dans la greffe d'un arbre sur un autre, il est indispensable qu'il y ait analogie, c'est-à-dire ressemblance au fond entre la fleur, le fruit et le mode de végétation des deux arbres. Les arbres à fruits à pépins, par exemple, se grefferont exclusivement sur des arbres à fruits à pépins, encore tous ne réussissent-ils pas les uns sur les autres. Ainsi, le poirier peut bien se greffer sur le coignassier ou l'aubépine, tandis qu'il ne peut pas se greffer sur le pommier au moins pour y durer et y produire des fruits (1).

Les arbres fruitiers à noyaux, d'un autre côté, ne peuvent se greffer que sur des arbres à fruits à noyaux, encore tous ne réussissent-ils pas les uns sur les autres : ainsi, le pêcher réussit bien sur le prunier ou l'amandier, mais il ne réussit pas sur le cerisier. Inutile de pousser nos recherches plus loin. Nous allons reprendre la suite de l'historique de la greffe :

(1) Si l'on greffe un poirier sur un pommier, cette greffe ne réussit pas d'ordinaire; mais si par hasard la greffe reprend, elle dépérit fort vite et meurt dès la seconde ou troisième année au plus tard sans avoir donné des fruits.

La greffe dont nous avons parlé jusqu'à présent est la greffe des boutons à bois pour changer l'espèce ou la variété d'un arbre. C'est la seule greffe qui ait été connue des anciens et des modernes.

Il était réservé à notre siècle de mettre en lumière une autre sorte de greffe qui opère en ce moment une véritable révolution dans la production fruitière, c'est la *greffe des boutons à fruits*.

Entrevue par Cabanis, dans le siècle dernier, indiquée par Thouin et Noisette dans ce siècle, pratiquée en 1836 aux environs de Rouen, elle a été vulgarisée il y a quelques années par M. Luizet, jardinier à Ecully près de Lyon. (Pour plus de détails, voir le chapitre de la greffe des boutons à fruits.)

CHAPITRE SECOND.

Physiologie de la greffe ou explication de la manière dont la greffe se colle avec le sujet et se développe à ses dépens.

On est naturellement porté à se demander comment s'opère l'union de la greffe avec le sujet.

Le voici en quelques mots :

La sève épaissie qui porte le nom de *cambium* baigne la greffe placée sur le sujet. Bientôt ce cambium fournissant, d'un côté vers le bas, la matière ou la nourriture (1) aux fibres de la greffe qui ne tardent pas à envelopper le sujet (comme on peut le voir pl. IX, f. 21) d'une sorte de fibres radiculaires qui grossissent le pied de l'arbre, et de l'autre, la matière de l'allongement du bourgeon, il en résulte l'attache et le développement de la greffe.

Mais, pour que cet effet se produise sûrement, il faut que la sève du sujet soit mise en contact avec les vaisseaux séveux de la greffe. Or, comme la sève afflue dans un arbre plus spécialement entre le bois et l'écorce, il est extrêmement utile (2) que la partie interne de l'écorce de la greffe corresponde et soit mise en contact avec la

---

(1) Selon le système d'accroissement qu'on veut adopter. Voir, si l'on désire des éclaircissements sur ce sujet, les *Eléments de Botanique*, par M. Achille Richard.

(2) Je dis extrêmement utile au lieu d'indispensable, parce qu'une greffe peut prendre sur un sujet sans être indispensablement placée dans cette condition.

même partie interne de l'écorce du sujet au moins par quelques-uns de ses points : « Bientôt, les boutons de la greffe laisseront échapper les premières feuilles; celles-ci transformeront en *cambium* les fluides séveux fournis par le sujet, et les vaisseaux descendants, soit ligneux, soit corticaux, naîtront de la base de chaque feuille et passeront de la greffe dans le sujet, en suivant la voie humide existant entre l'aubier et l'écorce; enfin, une partie du cambium, dans son mouvement de descension, déposera, en passant, une quantité de matière organique suffisante pour souder les bords de la plaie et la reprise de la greffe sera opérée (1). »

Tels sont les phénomènes qui se produisent lors de la reprise d'une greffe : mais comment se fait-il que la sève d'une espèce en passant dans les vaisseaux séveux d'une autre espèce soit transformée de manière à donner des fruits de grandeur, de couleur et de formes toutes différentes de celles des fruits que cette sève donnait naturellement?

---

(1) Du Breuil, *Cours élémentaire d'Arboriculture.*

Ici nous sommes obligé d'avouer l'impuissance de la science humaine, et de dire que nous savons seulement que les faits se produisent comme nous venons de l'indiquer; mais en ceci comme en tout ce qui touche de très près aux lois de la génération des êtres, Dieu s'en est réservé le secret.

Il nous est toutefois permis de jeter un regard scrutateur sinon sur les causes premières, du moins sur les causes des effets subséquents, et c'est ce que nous allons faire :

La greffe peut être considérée comme une bouture plantée dans un végétal au lieu d'être plantée en terre; et de même qu'une bouture, un sarment de vigne par exemple puise dans la terre les sucs nécessaires ou utiles au développement de toutes ses parties (racines, tiges, feuilles, fleurs et fruits); de même la greffe plantée sur un végétal puise dans ce végétal les sucs nécessaires ou utiles au développement de toutes ses parties.

De même encore que dans le premier cas les sucs puisés dans la terre changent de nature en passant dans les organes du cep de vigne pour fournir la matière des feuilles ou des fruits de cet arbuste, de même dans une greffe de poirier sur coignassier par exemple, les sucs du coignassier fournissent au poirier greffé sur lui la matière du bois, des feuilles, des fleurs et des fruits du poirier.

Une greffe doit donc n'être considérée que comme un parasite vivant aux dépens du sujet, ou comme une graine semée sur arbre, au lieu d'être semée en terre, car chaque bourgeon d'un arbre peut-être considéré comme renfermant la partie essentielle de la graine (l'embryon) qui n'attend que l'action de l'humidité et de la chaleur pour se développer.

CHAPITRE TROISIÈME.

Avantages de la Greffe.

Les principaux avantages de la greffe sont les suivants :

1° La greffe permet d'obtenir de très bons fruits sur des arbres qui n'en produisaient que de mauvais;

2° Elle permet de changer à volonté l'espèce

ou plus souvent encore la variété des fruits que l'on possède;

3° Elle fournit le moyen de multiplier autant qu'on le veut les espèces rares ou précieuses;

4° Elle accélère de plusieurs années la fructification d'un sujet;

5° Elle améliore même un peu la qualité des fruits.

En effet, « la greffe influe, dit Noisette, sur la saveur du fruit en la rendant plus douce et plus parfumée, enfin plus agréable au goût.... Des auteurs prétendent que le sujet modifie la saveur du fruit de la greffe ou même qu'il la change; ils disent que la prune de Reine-Claude par exemple, greffée sur différentes variétés de sauvageons de son espèce, est insipide sur les uns et délicieuse sur les autres; que les cerises greffées sur le *Mahalep* (prunier de Ste-Lucie), le *Laurier-cerise* ou le *Mérisier des bois*, ont un goût tout à fait différent. Mais plusieurs fois nous avons tenté des expériences qui nous ont appris que c'était une erreur (1). »

---

(1) *La Greffe*, par Louis Noisette, 2e édition, p. 15.

La note suivante de M. Rousselon confirme entièrement l'opinion de Noisette :

« Quelques praticiens recommandables, dit-il, et des physiologistes soutiennent encore que le sujet a, dans des cas donnés, une influence sensible sur la greffe, mais je trouve dans les écrits d'un arboriculteur distingué, M. Prévost, de Rouen, un passage qui confirme singulièrement l'opinion de M. Noisette. Il dit, à l'occasion des assertions émises dans un sens opposé par plusieurs publications :

» Si les auteurs de ces publications avaient bien voulu se rappeler : 1° que les *Abricotiers*, le *Prunier Mirabolan*, l'*Amandier*, continuent de fleurir de très bonne heure, quoique greffés sur des pruniers francs, qui fleurissent beaucoup plus tard; 2° que le *Cratægus glabra* (photinier luisant), le *Mespilus Japonica* (néflier du Japon) ne cessent point d'être couverts de feuilles en toutes saisons quoique greffés sur le coignassier qui perd toutes ses feuilles à la fin de chaque automne et n'en développe de nouvelles qu'au printemps; 3° que le fruit des bonnes variétés d'arbres, cultivés dans les vergers et dans les jardins, ne participe en rien des mauvaises qualités des fruits des arbres sauvages sur lesquels ils sont greffés; 4° que l'observation, d'accord avec la théorie, prouve que l'action du sujet sur la greffe est généralement ou nulle ou peu apparente, tandis que l'action de la greffe sur le sujet (sous le rapport de la vigueur du développement et de la longévité) est considérable dans certaines espèces ou variétés; si, dis-je, ces écrivains avaient voulu tenir compte de ces faits qu'ils ne peuvent ignorer, et de beaucoup d'autres de même nature, qu'il serait oiseux de rapporter ici, ils se seraient bien gardés de dire, même d'une manière dubitative, ce qu'ils ont avancé comme résultats positifs d'expériences complètes. »

6° Elle en augmente la grosseur d'une manière sensible (1), surtout lorsqu'on fait des greffes de boutons à fruits;

7° Elle fournit le moyen d'obtenir des arbres

(1) Il est certain que les péricarpes charnus de tous les fruits à pépins et de la plupart des autres sont presque toujours d'un cinquième, d'un quart, et quelquefois même d'un tiers, plus volumineux sur les individus greffés, même de la même variété, que sur ceux venus de semences (NOISETTE, *de la Greffe*, 2e édit., p. 15.)

plus vigoureux que la greffe, en greffant, par exemple, une espèce peu vigoureuse de poirier ou de pommier sur un sauvageon plein de force et de vigueur;

8° Elle fournit également le moyen d'avoir des arbres nains qui donnent des fruits incomparablement plus beaux, comme, par exemple, lorsqu'on greffe un pommier sur paradis;

9° La greffe donne le moyen assuré d'obtenir des fruits entièrement semblables de forme et de couleur avec ceux de l'arbre sur lequel on a pris la greffe, comme aussi de même goût et saveur, pourvu que le sujet soit dans le même terrain et à la même exposition que l'arbre-mère sur lequel on a pris les greffes;

10° La greffe des boutons à fruit fournit le moyen d'obtenir immédiatement des fruits sur des arbres stériles, et de les avoir plus beaux que ceux qu'on obtiendrait des mêmes boutons en les laissant sur les arbres-mères.

Observation. La plupart des avantages que nous venons d'énumérer ou de développer selon le besoin du sujet ne peuvent pas être obtenus par des semis de noyaux ou de pépins qui reproduisent bien l'espèce, mais qui, le plus souvent, ne peuvent pas reproduire exactement la variété de fruit que l'on recherche principalement en horticulture.

CHAPITRE QUATRIÈME.

Des époques de l'année auxquelles on peut ou on doit greffer.

Nous pouvons dire généralement qu'on peut greffer à presque toutes les époques de l'année (1); mais, comme ces époques varient selon les différentes sortes de greffes et les diverses espèces d'arbres auxquels on veut les appliquer, nous aurons soin de les indiquer à la suite de chaque espèce de greffe en particulier, à mesure que nous les décrirons.

---

(1) Toutes les saisons de l'année sont propres à faire les diverses sortes de greffe excepté les temps de fortes gelées où il serait au moins imprudent de greffer.

CHAPITRE CINQUIÈME.

Des instruments, des ligatures et des englue-ments nécessaires ou utiles à l'opération de la greffe.

§ 1er. — Des Instruments.

Ces instruments sont :

1° Un **Greffoir.**

Le greffoir est un petit couteau à lame recourbée en arrière à la partie supérieure, avec une spatule en corne, en os ou en ivoire à la partie inférieure. La spatule ne doit pas être en fer ou en acier, comme on en voit quelquefois, parce que le fer ou l'acier s'oxydent sous l'humidité et l'acidité de la sève; en outre, ils blessent plus facilement les parties qu'ils touchent.

Le meilleur modèle de greffoir d'amateur que nous ayons vu est celui dont nous donnons le modèle (planche V, figures 5, 6 et 7), dans lequel la spatule à coulisse sort en dehors, dès qu'on ouvre la lame, et rentre, au contraire, dès qu'on la férme.

Le modèle indiqué pl. VI, f. 9, est aussi très bon; c'est l'un des instruments que l'on trouve chez Arhneither, l'un des meilleurs fabricants de Paris (1).

Le modèle de la planche VI, f. 10, est encore un modèle à coulisse, mais pour la lame seulement, qui rentre au moyen d'un bouton (*a*, pl. VI, f. 10) à pression comme dans les canifs dits canifs à coulisse, dont on se servait autrefois. Ce genre de greffoir est utile pour ceux qui, n'ayant pas l'habitude de se servir de ces instruments, craignent de se blesser en laissant la lame du greffoir ouverte pendant l'opération du soulèvement de l'écorce. Cette coulisse donne une grande facilité pour enfermer promptement la lame, dès qu'on a cessé de s'en servir.

Le modèle de la planche VI, f. 11, à lame très arrondie et renversée du haut, donne la facilité de fendre une étendue assez considérable d'écorce sans faire glisser la lame sur le bois, ce qui est

(1) Place St Germain des Prés, n° 0.

d'un grand avantage. La spatule très forte et très courte est moins exposée à se casser que celle des autres greffoirs, mais elle est moins commode pour soulever les écorces sur les branches qui ne sont pas très fortes.

2° Un **Couteau** pour fendre la tête du sujet lorsqu'on greffe en fente, ou mieux encore :

3° Un **Greffoir en fente,** dont nous donnons un bon modèle, pl. VII, f. 14. Cet instrument consiste en un couteau d'acier (*a*) ou du moins aciéré dans sa partie tranchante, et un coin en fer (*b*) destiné à maintenir l'écartement de la fente pour faire entrer les greffes dans le sujet sans les gâter. Ces deux parties de l'instrument sont unies par une pièce en fer carrée du dos (*d d d*) pour pouvoir y frapper plus aisément avec un maillet ou un marteau; enfin, un manche (c) donne la facilité de tenir l'instrument.

Il est représenté au tiers de la grandeur qu'il doit avoir.

4. Un **Maillet de bois** ou un **Marteau en fer** pour enfoncer le couteau dans le bois.

5° De petits **Coins** en bois dur (buis, sorbier ou

bois d'ébène) pour maintenir la fente ouverte, lorsqu'on se sert d'un couteau ordinaire; il est bon que ces coins soient percés à la partie supérieure d'un trou dans lequel on passe une corde afin de pouvoir les retirer facilement de la fente sans déranger la greffe, pl. V, f. 8.

6° Une **Scie à main**, ou égohine, dont on se sert pour couper la tête des forts sujets, pl. VIII, f. 16, 17 et 18.

La figure 18 représente une scie à main tout entière, emmanchée, 1/4 de grandeur.

La figure 16 représente un tronçon de lame de scie à doubles dents.

La figure 17 représente un tronçon de lame de scie à dents aiguës, simples et écartées, tournées alternativement d'un côté et de l'autre comme dans une scie à bois ordinaire.

§ 2. — Des Ligatures.

Le plus souvent, lorsqu'on a fait une greffe, on a besoin de serrer au moyen d'une ligature, afin de fixer solidement la greffe dans ou sur le sujet.

Pour faire ces ligatures, on se sert :

1° D'osier ou d'écorce de bouleau, d'ormeau, de saule, etc., si le sujet est très fort;

2° De natte (1) découpée en lanières étroites ;

3° De feuilles de maïs ou bien des enveloppes de l'épi découpées en lanières étroites comme celle des nattes ;

4° De feuilles de roseau (canne de Provence), découpées de la même manière ;

5° De laine grossièrement filée pour les greffes qui n'exigent pas d'être fortement serrées ;

6° De lanières étroites d'étoffes de laine, coton, lin ou chanvre.

Si on se sert d'une matière tissée autre que la laine, il faut surveiller les greffes avec soin pour qu'elles ne soient pas étranglées, et desserrer peu à peu, surtout pour les greffes en écusson, dès qu'elles sont bien reprises.

Les matières en lin, chanvre ou coton ont le très grave inconvénient de se resserrer dès qu'elles

---

(1) Nous entendons par natte les espèces de *joncs* ou *massettes* dont on fait les emballages des morues, du café, etc.

sont mouillées et de se dilater par la sécheresse, de sorte que par les temps de pluie, de brouillard ou d'humidité, elles serrent la greffe trop fortement, tandis qu'elles ne serrent pas assez par les temps de sécheresse. Il faut donc éviter autant que possible d'en faire usage pour greffer.

On peut encore se servir de rubans de plomb préparés à cette fin. C'est un des meilleurs ligaments; mais c'est le plus cher de tous et celui qu'on a le moins sous la main (1).

§ 3. — Des Engluements.

On donne le nom d'engluement à des sortes de pâtes plus ou moins gluantes propres à préserver les greffes des agents extérieurs, tels que la pluie, la sécheresse, le froid, le chaud, qui souvent nuisent à leur reprise.

Ces engluements sont :

1° L'**Onguent de St-Fiacre.**

Il est composé de deux tiers de terre franche

---

(1) On les trouve à Paris chez Poulet, rue Pierre-Levée, 12, faubourg du Temple.

un peu argileuse, et d'un tiers de bouse de vache. On peut y ajouter un peu de cendres lessivées ou même du sable fin. Le tout doit être bien mêlé et former une sorte de mortier plus ou moins dur, selon qu'il doit être employé en plus ou moins grandes masses. Bien qu'il se dessèche par le soleil et qu'il puisse être entraîné par la pluie, il est néanmoins fort usité pour les greffes en fente ou en couronne faites sur de forts sujets.

Afin de le maintenir sur les greffes, on l'entoure d'un linge qu'on ligature fortement en dessous (voir pl. X, f. 22). On donne à cet appareil le nom de *poupée*.

2° Les **Cires** ou **Mastics à greffer**.

Il y en a de deux sortes : les unes sont employées à chaud, les autres sont employées à froid.

A. — Cires ou Mastics à greffer à employer à chaud.

Première recette.

I. — Voici la meilleure recette pour cette cire. Prenez :

500 grammes de poix blanche de Bourgogne;

120 grammes de poix noire;
120 grammes de résine;
100 grammes de cire jaune;
60 grammes de suif;
60 grammes de cendres tamisées, ou de brique pilée et tamisée.

Faites fondre le tout dans un vase de terre sur un feu doux, et mélangez bien pendant la fusion.

Lorsque vous voulez vous en servir, placez le vase qui la contient sur un feu doux, et ensuite appliquez-la avec un pinceau.

Le meilleur moyen de s'en servir, c'est d'avoir un petit fourneau portatif dans lequel on tient de la cendre chaude ou quelques charbons enflammés, ou bien une lampe à esprit de vin pour maintenir la composition liquide ou plutôt fluide (voir pl. IX, f. 19, 20).

Deuxième recette.

II. — Voici une seconde recette fort simple et très recommandée dans la traduction, par M. Mall, de l'excellent *Traité des Maladies des Arbres fruitiers*, de Ferdinand Rubens.

Faites fondre 500 grammes de poix, ajoutez-y 65 grammes de saindoux (graisse non salée de cochon), mêlez et appliquez tiède avec le pinceau.

Observation essentielle. — Il faut bien prendre garde d'employer ces cires trop chaudes, car alors on brûlerait les tissus, soit du sujet, soit de la greffe. Il faut qu'elles soient seulement légèrement tièdes.

Ces cires sont incontestablement les moins chères et les plus faciles à appliquer, mais ce sont aussi celles qui exigent le plus de soin pour ne pas être employées trop chaudes; ce sont celles dont doivent se servir les pépiniéristes ou les personnes qui veulent greffer les arbres par milliers. Ce sont aussi celles dont l'emploi est le plus rapide. A ce titre, elles doivent être préférées par ceux qui veulent, à l'automne ou au printemps, faire beaucoup de greffes de boutons à fruit. Mais elles ont l'inconvénient d'exiger un appareil de chauffage portatif, qui devient quelquefois fort incommode par les temps de grand vent ou de petite pluie.

B. — Cires ou Mastics à greffer à employer à froid.

MASTICS LIQUIDES OU PLUTÔT FLUIDES.

1. *Mastic à greffer à froid, de l'Homme-Lefort* (1).

Ce mastic à greffer, de couleur brun-noir, est évidemment le meilleur de tous, et, surtout, celui dont l'emploi est le plus facile.

Mais on ne l'a pas toujours sous la main, et il est à regretter qu'il n'en existe pas des dépôts dans toutes les villes de France.

Nous ne pouvons pas donner la composition de ce mastic, pour lequel il y a un brevet qui n'est pas encore expiré, mais nous engageons fortement tous les amateurs d'horticulture à se munir de quelques boîtes de cet excellent engluement. Une boîte d'un franc peut servir pour au moins 500 greffes ordinaires.

---

(1) On trouve des dépôts de ce mastic dans un assez grand nombre de villes de France; mais on est toujours sûr d'en avoir chez M. l'Homme Lefort, *rue du Pré*, 1, à Belleville, près Paris.

II. *Mastic à greffer à froid, de M. Lucas* (1).

Résine semi-liquide du commerce, dont la térébenthine n'a pas été extraite, 500 grammes. Faites fondre sur un feu très doux ou plutôt sur les cendres chaudes. Lorsqu'elle est parfaitement liquide, en ayant le moins de chaleur possible, versez dessus, petit à petit, 180 grammes d'alcool à 90 degrés (prenez-le chez un pharmacien pour être sûr de la pureté de l'alcool); mélangez lentement et avec beaucoup de soin; laissez refroidir. Le mastic demeure presque liquide, et vous pouvez vous en servir avec le pinceau.

J'ai fait à ce mastic une amélioration dont je me suis très bien trouvé pour les greffes de boutons à fruit, c'est d'y ajouter pour lui donner plus de consistance un peu de souffre sublimé (fleur de souffre ordinaire).

III. *Mastic à l'huile de baleine.*

Prenez parties égales d'huile de baleine et de

(1) La formule en a été publiée dans le *Bulletin de la société impériale d'horticulture de France.*

poix, faites d'abord fondre la poix dans un pot de terre, ajoutez ensuite l'huile de baleine et mélangez. (*Traité des Maladies des Arbres fruitiers, de* Ferdinand Rubens, *traduit de l'allemand par* M. Mall, p. 91.)

Observation générale relative à l'emploi des mastics ou cires plus ou moins liquides.

On doit bien prendre garde en étendant ces mastics d'en couvrir les bourgeons de la greffe destinés à pousser, car, dans ce cas, on serait exposé à les asphyxier, et par suite à perdre complètement les greffes. On enduit de mastic toutes les fentes qui pourraient donner passage à l'eau ou à l'air, mais on a grand soin de laisser les bourgeons parfaitement intacts et à découvert.

C. — Cires à greffer en bâtons.

Première recette.

I. — Prenez 500 grammes de cire jaune;
500 grammes de térébenthine grasse;

250 grammes de poix blanche de Bourgogne;
100 grammes de suif.

Faites fondre le tout sur un feu très doux et mélangez bien. Lorsque le mélange est parfaitement opéré, versez dans l'eau froide, pétrissez bien afin qu'il n'y reste pas d'eau, et formez-en des bâtons que vous enveloppez de linge ou de papier.

Lorsque vous voulez vous en servir, vous en prenez un morceau que vous ramollissez en le pétrissant entre les doigts, et vous l'appliquez ensuite sur les sujets et les greffes (1). En la pétrissant entre les doigts, on a soin, pour éviter qu'elle s'y attache, de les tenir mouillés avec de l'eau ou de la salive. Pour faire cette cire plus ou moins molle, il suffit d'augmenter ou de diminuer un peu la quantité de suif indiquée dans la recette.

---

(1) Ces bâtons de cire se ramollissent très bien et se maintiennent au point convenable en les tenant dans la poche de son pantalon. Il en est de même des boîtes de mastic à greffer de l'Homme-Lefort.

Deuxième recette.

II. — Prenez 65 grammes de cire jaune;
4 grammes de saindoux (graisse non salée de cochon).

Faites fondre sur un feu doux, ajoutez ensuite 20 grammes de térébenthine épaisse liquéfiée sur les cendres chaudes et 4 grammes d'huile de pin distillée.

Mélangez bien et formez-en des bâtons.

Cette cire a l'avantage de pouvoir être appliquée en couches très minces, de ne pas s'attacher aux doigts, d'adhérer facilement aux bois humides et de ne pas être emportée par les abeilles ou autres insectes (1).

CHAPITRE SIXIÈME.

De la Pépinière.

On appelle pépinière un terrain planté d'arbres destinés à être greffés et transportés ensuite dans

(1) F. Rubens, *Trait. des Mal. des Arb. fruit.*, p. 89, traduit par Mall.

les jardins ou vergers où ils doivent être placés à demeure.

Lorsqu'on a dans le voisinage de sa propriété une bonne pépinière tenue par un jardinier consciencieux, et qui ne trompe jamais, sciemment, sur la qualité des arbres qu'on lui achète, il est incontestable qu'on fait bien de choisir de préférence dans une pépinière semblable les arbres dont on a besoin, parce qu'on sera plus sûr de les y trouver tels qu'on pourra les désirer.

Mais, bien souvent, on n'a pas dans son voisinage une pépinière semblable; souvent aussi on désire économiser sur le prix des arbres que l'on achèterait, et, dans ce cas, le petit propriétaire, l'instituteur ou le curé de campagne, préfèrent consacrer une partie de leur jardin à faire une petite pépinière dans laquelle ils élèvent les arbres dont ils ont besoin.

Le but que doit se proposer un petit propriétaire en établissant une pépinière chez lui, c'est de pourvoir d'une manière sûre, soit à des plantations qu'il veut faire, soit au remplacement des arbres déjà plantés.

Il a presque toujours intérêt à faire venir ses arbres lui-même, parce que c'est pour lui le seul moyen d'être entièrement sûr de la qualité des espèces qu'il veut planter. En outre, les arbres que l'on aura soi-même élevés dans son jardin auront bien moins à souffrir de la transplantation, puisque le terrain dans lequel ils seront placés à demeure sera le même que celui dans lequel ils auront été élevés en pépinière.

Enfin, tout le monde sait qu'un arbre que l'on arrache pour le transplanter immédiatement ne souffre pas de sa transplantation. Celui que l'on prend, au contraire, dans une pépinière où il aura été souvent mal arraché, où ses racines auront été plus ou moins lésées, a beaucoup à souffrir de la transplantation. Ceci est vrai surtout lorsqu'il est transporté à des distances considérables, et sans qu'on ait pris les soins nécessaires pour l'habillage des racines.

De ce que nous venons de dire, il est facile de conclure qu'il est presque toujours avantageux à un propriétaire d'élever lui-même les arbres qu'il veut planter dans sa propriété. Il n'y a qu'un cas dans lequel il puisse y avoir avantage pour lui à prendre les arbres déjà formés dans une pépinière, c'est celui où il veut planter des arbres en plein vent, qui exigent un grand nombre d'années avant d'avoir acquis la force nécessaire afin d'être facilement défensables.

Nous devons ajouter que l'on gagnera presque toujours du temps à faire une pépinière, car on pourra, dans la plupart des cas, après deux ou trois ans au plus, mettre ses arbres en place, comme nous le verrons par la suite.

§ 1er. — Établissement de la Pépinière.

Une pépinière de petit propriétaire, d'instituteur ou de curé de campagne, doit se réduire ordinairement à la plantation de quelques centaines d'arbres fruitiers. Il sera donc presque toujours facile de trouver dans le jardin un emplacement convenable.

Un are de terrain (un carré de dix mètres de côté) suffit pour avoir de trois à quatre cents arbres.

On peut encore, dans le jardin déjà fait, planter et semer, si l'on veut, le long des allées; et l'on aura par ce moyen plus de terrain qu'il n'en faut pour faire sa pépinière.

Dans le modèle que nous proposons ici (voir planche I et II), nous prenons un carré long de 15 mètres de longueur sur 12 de largeur.

Nous choisissons le carré long de préférence au carré parfait, uniquement parce que les carreaux d'un jardin ont d'ordinaire cette forme, et que le meilleur emplacement pour la formation de la pépinière est un carreau de jardin quand on peut en disposer.

Il est bien rare en effet que le terrain d'un jardin ne soit pas le plus propre à élever de jeunes arbres.

§ 2. — Préparation du Terrain.

Toute la préparation du terrain consiste dans un défoncement à la pioche ou à la bêche, autant que possible, de 40 à 60 centimètres au plus. Les jeunes arbres ne devant demeurer que deux ou trois ans en pépinière, cette profondeur est bien suffisante pour le développement des racines. Il est même mieux de ne pas défoncer plus profondément, afin que les jeunes racines ne s'enfoncent pas trop.

Il convient de donner à la terre, surtout si elle est maigre, quelques engrais bien consommés (1), c'est le moyen de donner de la vigueur aux jeunes sujets qui ne peuvent qu'y gagner.

Il faut, toutefois, éviter les fumiers chauds (2) dont les racines s'accommodent mal.

§ 3. — Distribution du Terrain.

Le terrain défoncé et bien aplani, il ne reste qu'à en faire une bonne distribution. Nous donnons, dans les planches I et II, deux plans dont chacun peut être adopté selon la volonté de celui qui établit la pépinière.

---

(1) On donne le nom d'engrais consommés à des fumiers pourris et décomposés depuis longtemps, comme, par exemple, du fumier ordinaire d'étable qu'on a laissé en tas de dix à quinze mois.

(2) On donne le nom de fumiers chauds aux fumiers d'étables qui sont frais et qui n'ont pas été encore décomposés.

On pourrait, de même, adopter toute autre disposition. Ceci est de peu d'importance, à moins qu'on n'ait la pensée d'arriver ultérieurement à laisser le carreau en jardin fruitier et de conserver en place une partie des arbres de la pépinière comme on peut voir que nous l'avons indiqué, planche IV.

Nous ferons observer seulement que, lorsqu'on n'est pas forcé d'adopter l'un ou l'autre des plans par la nécessité d'avoir un grand nombre de sujets dans sa pépinière, il vaut presque toujours mieux choisir celui où il y a le plus grand nombre d'allées (planche II). Si l'on tenait cependant à avoir des arbres effilés, il vaudrait mieux choisir celui où il y a le moins d'allées (planche I). Mais il est, à mon sens, toujours préférable d'avoir des arbres peu élancés, gros et vigoureux.

Il n'y a guère que les hommes inexpérimentés qui choisissent les arbres effilés et minces. Mieux vaut toujours employer plusieurs années pour avoir ses arbres d'une certaine hauteur que de les obtenir tels immédiatement.

On pourrait, dès que les arbres ont un an de

greffe, en enlever une partie et laisser les autres comme on les voit (planche III), pour les enlever l'année suivante.

On peut aussi, après que les arbres ont été enlevés de la pépinière, en laisser un certain nombre qui formeront ensuite un carré exclusivement consacré aux arbres fruitiers alternativement en pyramide et en cul de lampe, comme l'indique la planche IV.

§ 4.—Des Espèces d'Arbres a mettre dans la pépinière.

Comme notre intention est de ne nous occuper que de la formation d'une pépinière d'arbres à fruits (1) de table, nous ne traiterons que du *poirier*, du *pommier*, du *néflier*, du *prunier*, de l'*abricotier*, du *pêcher*, de l'*amandier* et du *cerisier*.

Le *coignassier* et le *figuier* n'ont pas besoin des soins de la pépinière, il vaut mieux les planter en place, de même que le *noyer*, quand on le peut.

---

(1) On donne le nom de *fruits de table* ou *fruits à couteau* aux fruits à dessert pour les distinguer des fruits à cuire et des fruits à cidre ou poiré.

Quant au *sorbier,* à l'*alisier*, au *mûrier* et à quelques autres arbres de ce genre, leur croissance est trop lente pour que nous conseillions de les faire entrer dans cette pépinière. Il vaut bien mieux, quand on en a besoin, les acheter prêts à être transplantés.

§ 5.— Sujets propres a être plantés ou semés en pépinière.

Les sujets que l'on doit planter en pépinière sont tous destinés à être greffés, si l'on en excepte toutefois les *pruniers d'Agen* ou de *robe de sergent* que l'on préfère généralement venus de drageons.

ARBRES A FRUITS A PÉPINS.

§ 6. — Sujets pour Poirier.

Le poirier peut se greffer sur *franc*, sur *coignassier* ou sur *aubépine*.

On appelle en arboriculture *greffer sur franc* l'opération par laquelle on greffe un arbre de même espèce sur un sujet de même espèce; ainsi, greffer un poirier sur poirier, un pêcher sur pêcher, etc.

Les arbres greffés sur franc ont l'avantage :

1° D'être très robustes;

2° De durer très longtemps;

3° De prendre un très grand développement.

Les inconvénients de ces arbres sont :

1° De ne se mettre à fruit que très tard;

2° D'être difficiles à maintenir à la taille;

3° D'exiger un sol profond.

Nous ne conseillons pas à un petit propriétaire, à un instituteur ou à un curé de campagne, de placer des *sujets francs* de poirier dans leur petite pépinière, parce que ces sujets étant plus longs à venir que les autres, ce serait à peine si l'on pourrait les greffer lorsque les autres arbres devraient être arrachés et transplantés.

Les sujets pour poiriers sont d'ordinaire, comme nous l'avons déjà dit, le *poirier franc*, le *coignassier* et l'*aubépine*.

1° Du **Poirier franc**.

Pour greffer le poirier sur franc on fait un semis de pépins de poires, et c'est sur les sujets venus de ces semis qu'on greffe les diverses espèces que l'on désire avoir sur franc.

Pour avoir de bons sujets, il faut choisir les pépins d'espèces robustes, qui ne soient pas trop anciennes (1) et qui, par le bois, le feuillage et la grosseur des pépins, se rapprochent du poirier sauvage. Mieux vaudrait encore prendre les pépins des poires sauvages.

On peut également prendre des sauvageons nés dans les bois de pépins jetés là par hasard.

2° Du **Coignassier**.

Le coignassier est le sujet le plus ordinaire sur lequel on greffe le poirier.

Je ne m'arrêterai pas à démontrer que le fruit de poirier greffé sur coignassier ne contracte pas un goût de coing. C'est un vieux préjugé dont tous les horticulteurs ont fait justice aujourd'hui (2).

---

(1) On appelle espèces anciennes celles qui sont connues depuis très longtemps dans un pays comme, par exemple, la *poire de bon chrétien*, *la crassanne*, etc.

(2) Voir, pages 24 et 25.

Il est entièrement certain que le fruit des poiriers greffés sur coignassiers est tout aussi bon que celui des arbres greffés sur franc.

Les avantages que présentent les arbres greffés sur coignassier sont :

1° Que ces arbres se mettent à fruit très promptement;

2° Qu'ils sont faciles à maintenir à la taille;

3° Qu'ils n'exigent pas un sol profond;

4° Qu'on peut en faire facilement des arbres de petite dimension.

Les inconvénients de ces arbres sont :

1° De ne pas durer longtemps;

2° De ne pas pousser beaucoup de bois lorsqu'il s'agit d'espèces fertiles.

3° De l'**Aubépine**.

L'aubépine est pour le poirier le moins bon des sujets.

Les arbres qui en proviennent durent peu et ne poussent pas vigoureusement, mais ils se mettent très promptement à fruit. On ne l'emploie que très rarement.

§ 7.— Mise en place des Sujets de coignassier.

On peut se servir pour mettre en place dans la pépinière, ou bien de la *pourrette* (1) de coignassier ayant déjà des racines, ou bien des boutures de coignassier qu'il suffit d'enfoncer dans la terre (2).

L'une et l'autre manière de procéder sont fort bonnes; mais la première est préférable parce qu'elle permet presque toujours de greffer les sujets dans l'année même de la plantation, tandis qu'en faisant les boutures, il faut pour avoir des sujets vigoureux attendre la seconde année.

On place les pourrettes ou les boutures en lignes espacées de 70 à 80 centimètres, et les pourrettes sur les lignes à 50 ou 60 centimètres l'une de l'autre.

---

(1) On appelle *pourrette* en général des jeunes plants enracinés d'un à deux ans au plus.

(2) On emploie pour boutures de fortes pousses de l'année précédente, c'est-à-dire qui n'aient pas encore un an, avec ou sans talon de bois vieux à la base.

La plantation doit se faire de novembre à mars. Mais la plantation de novembre est la meilleure pour les pourrettes enracinées, parce que les racines étant bien assises au moment de la pousse, en avril et mai, le sujet végète avec une grande vigueur.

Si l'on peut employer des terreaux bien consommés, de la vendange pourrie de deux ou trois ans, mêlée avec un peu de cendre lessivée, on sera sûr d'une meilleure reprise. A défaut des terreaux, on choisit pour mettre sur les racines de la terre bien effritée et un peu de sable si l'on en a. Il faut avoir soin de bien tasser la terre sur les racines, arroser un peu et recouvrir jusqu'à niveau du sol.

Au commencement du printemps, c'est-à-dire du 15 février au 15 mars, selon l'activité de la végétation, on coupe la tige de la pourrette à six ou huit centimètres au-dessus de terre.

Nous engageons à couper avec le sécateur plutôt qu'avec la serpette, parce qu'on ébranlera moins les racines.

Tout le soin consiste ensuite à ne laisser pousser qu'une seule tige en choisissant celle qui part de plus près de terre, et en supprimant toutes les autres dès qu'elles commencent à se montrer. On pourra, par ces soins, greffer la plupart des sujets au mois de juillet et d'août suivants. Il faut aussi dans le courant de l'été empêcher les mauvaises herbes d'envahir la pépinière, et pour cela donner quelques binages.

Si l'on plante des boutures, on doit les enfoncer de trente à trente-cinq centimètres, les planter à la *fiche* ou au *plantoir* (1) en ayant soin de remplir le vide avec du terreau mêlé de cendre lessivée ou de sable, ou bien, à leur défaut, de terre bien effritée. On doit arroser aussi et couper avec le sécateur comme il a été dit précédemment; seulement, on ne pourra d'ordinaire greffer qu'à la seconde année. Alors on laissera pousser tous les sujets qui viendront cette première année; on recoupera au printemps suivant, et on ne laissera

---

(1) On appelle *fiche ou plantoir* une grosse barre de fer pointue ou bien un pieu en bois dur avec lequel on fait en terre le trou destiné à recevoir la bouture.

venir qu'un seul jet qu'on greffera comme il a été dit plus haut.

On aura soin de choisir pour boutures des tiges fortes de l'année, accompagnées, s'il est possible, d'un talon de bois de l'année précédente. L'empâtement de la tige de l'année sur le bois de l'année qui précède favorise le développement des racines.

§ 8. — Sujets pour Pommier.

On prend toujours le plant du pommier enraciné.

On distingue trois sortes de plants :

1° Le *Pommier franc*, venu de semis de pépins de pommes. Il ne doit être employé que pour les arbres destinés au plein vent;

2° Le *Doucin* que l'on destine aux arbres en pyramide ou en espalier assez étendu;

3° Le *Paradis* que l'on destine aux très petits espaliers, aux buissons ou aux petits vases.

Ces deux derniers se prennent au pied des arbres venus sur *Doucin* ou sur *Paradis* qui en fournissent presque toujours beaucoup.

Mêmes soins que pour le plant de poirier et de coignassier.

§ 9.— Sujets pour Néflier.

Le néflier se greffe sur le coignassier, le poirier ou l'aubépine. On ne le greffe sur aubépine que dans les haies; pour le greffer en pépinière, on préfère le poirier ou le coignassier.

ARBRES A FRUITS A NOYAUX.

§ 10. — Sujets pour Prunier.

Le prunier ne se greffe que sur prunier, mais le sujet peut être pris ou de *drageons de Prunier*, ou bien de pourrette venue de noyaux. On préfère pour les pruniers d'Agen les arbres venus de drageons et qu'on ne greffe pas; pour toutes les autres espèces, on aime mieux les sujets venus de noyaux. Si l'on veut avoir de la pourrette, on sème dans un coin du jardin des noyaux de prune d'une espèce rustique. Le mieux, c'est de les mettre en terre peu de temps après avoir cueilli les prunes. On les sème en les recouvrant de 12 à 15 centimètres de terre. On peut, pour les semis, prendre des terreaux analogues à ceux que nous avons indiqués pour les poiriers.

§ 11. — Sujets pour Abricotier.

On greffe généralement l'abricotier sur prunier. On peut aussi le greffer sur franc.

Néanmoins, dans les terrains où l'amandier vient mieux que le prunier, on peut greffer l'abricotier sur amandier. En général, il vit moins longtemps sur ce dernier que sur le premier.

§ 12. — Sujets pour Pêcher.

Les sujets pour le pêcher sont le *Prunier*, l'*Amandier* et le *Pêcher* lui-même.

On choisit l'un ou l'autre de ces trois sujets, selon qu'ils viennent mieux dans le terrain où l'on doit les planter à demeure.

Le *Pêcher* greffé sur *Amandier* est, en général, celui qui dure le plus longtemps et qui se met le plus facilement à fruit.

Greffé sur *Prunier* et spécialement sur le *Prunier Mirobolan*, le pêcher vient quelquefois dans des terrains où il serait impossible de le faire venir sur franc ou sur amandier. Ainsi parvient-on à avoir des pêchers dans des terrains trop humides pour les deux autres sujets.

Greffé sur *franc*, il peut aussi durer très longtemps pourvu qu'il soit convenablement taillé.

On sème, en automne, les amandes ou les noyaux de pêche ou de prune à la distance convenue, à la profondeur de 10 à 15 centimètres. Ils fournissent au printemps des sujets assez vigoureux pour être, la plupart, greffés en juillet, août ou septembre.

§ 13. — Sujets pour Amandier.

L'amandier ne se greffe que sur amandier.

On choisit de préférence l'*Amandier à coque dure* parce qu'il est plus rustique et plus vigoureux que les diverses variétés d'amandier à coque tendre.

§ 14. — Sujets pour Cerisier.

Les sujets pour cerisier sont le *Prunier* ou *Cerisier de Ste-Lucie* ou bien le *Mérisier* (1). On greffe

(1) Cerisier sauvage ou des bois.

sur *Prunier de Ste-Lucie* pour avoir des arbres à demi-tige ou en pyramide, et sur *Mérisier* pour avoir de grands arbres.

On sème le prunier de Ste-Lucie et le mérisier (cerisier dans le Midi), comme nous l'avons déjà dit pour les semis de pruniers, pêchers et amandiers.

§ 15. — Stratification des Noyaux et Pépins.

Si l'on ne veut pas semer les noyaux d'amandes, de pêches, de prunes et de cerises en automne, et qu'on préfère, par quelque motif que ce puisse être (1), attendre au printemps, il faut mettre les noyaux à stratifier dans le sable, et voici comment on s'y prend :

On place dans un pot ou dans une caisse, peu de temps après la récolte des fruits, à la cave ou dans un lieu frais, les noyaux destinés à cet usage; on met alternativement une couche de noyaux et une couche de sable; on les superpose ainsi

(1) Il arrive souvent qu'en les semant aussitôt après avoir mangé les fruits, les noyaux sont, avant le printemps, dévorés par les rats.

par couches jusqu'à ce que le pot ou la caisse soit rempli. Vers la fin de janvier on arrose légèrement; on continue en février et mars; et du 15 au 30 mars, on met en place dans la pépinière, à 8 ou 10 centimètres de profondeur, ces noyaux qui commencent à germer.

On fait de même pour les pépins. Il faut seulement avoir soin de mettre les pépins à stratifier aussitôt après les avoir ôtés des fruits; car, sans cette précaution, ils perdent très facilement leur faculté germinative.

DESCRIPTION

DES

DIVERSES SORTES DE GREFFES.

Nous divisons les greffes en deux grandes sections, par rapport au but qu'on se propose, savoir : les greffes de boutons à bois et les greffes de boutons à fruits.

Les greffes de boutons à bois sont destinées à ne produire immédiatement que des tiges ou des branches.

Les greffes de boutons à fruit sont destinées à produire des fruits à leur première pousse.

PREMIÈRE PARTIE.

Greffes de Boutons à Bois.

Des différentes Espèces de greffes.

Toutes les greffes peuvent être comprises dans l'une des suivantes :

1° Greffes par approche;

2° Greffes par scions;

3° Greffes par bourgeons;

4° Greffes herbacées (1).

CHAPITRE SEPTIÈME.

Greffes par Approche.

La greffe par approche est une greffe qui se fait entre deux arbres tenant l'un et l'autre à la terre par leurs racines, ou bien entre deux parties d'un même arbre tenant chacun à l'arbre-mère.

On distingue plusieurs sortes de greffes par approche :

I. — La greffe par approche ordinaire;

II. — La greffe par approche ordinaire avec entailles correspondantes sur le sujet et sur la greffe;

III. — La greffe par approche ordinaire pour soutiens alimenteurs;

---

(1) Nous adoptons entièrement les divisions de M. André Thouin dans son excellent *Traité de la Greffe*, dont la seconde édition a été donnée dans son *Cours de Culture*, 3 vol. in-8° et Atlas in-4°.

IV.— La greffe par approche d'un rameau sur l'arbre auquel il tient;

V.— La greffe par approche herbacée.

I. —Greffe par Approche ordinaire. (1)

Planche X, fig. 23.

Manière d'opérer. — La greffe par approche ordinaire se fait en enlevant une portion d'écorce correspondante sur les deux arbres qui tiennent l'un et l'autre au sol par leurs racines. En unissant les deux sujets, on les maintient par une forte ligature en croix, comme on peut le voir planche X, f. 23 *a*.

Lorsque la greffe est bien reprise et fortement soudée, c'est-à-dire à la fin de l'hiver qui suit le

(1) SYNONYMIE.—Greffe par approche sur tronc, première sorte, *Dict. d'Hist. nat.*, II, p. 135, pl. A, 11, f. A.
Greffe par approche sur tige, avec deux têtes croisées, *Nouv. Cours d'agr.*, VI, p. 502.
Greffe Sylvain A. THOUIN, *Cours de Cult.*, II, p. 369.

moment où l'on a fait la greffe, on coupe au-dessous de celle-ci, comme par exemple en *a i*, planche X, f. 23, celui des deux sujets (B) dont on veut conserver l'espèce, et l'on supprime au-dessus de la greffe la tête de celui qu'on ne veut pas conserver (*e i*). On supprimera également les branches autres que celle de la greffe et du sujet que l'on veut conserver; ainsi, dans la planche X, f. 23, on supprimera la branche *h b*, et l'on ramènera les branches *k a* et *e d*, selon la ligne de points *c d* au moyen d'un piquet qui y retiendra les branches *k a* et *a d*, qui doivent devenir la tige de l'arbre.

Usages de la greffe par approche ordinaire. — Cette greffe, peu usitée pour les arbres fruitiers, est quelquefois employée pour multiplier des variétés rares ou précieuses, comme des noyers, par exemple. Pour la faire, on met un noyer ordinaire en pot; on l'y laisse un ou deux ans, et lorsqu'il est bien repris et fort, on le rapproche de l'arbre qu'on veut multiplier, et l'on fait la greffe par approche comme on peut le voir planche XII, f. 31.

On se sert cependant quelquefois de la greffe par approche pour former des haies ordinaires de saules, d'aubépine, etc., ou bien des séries non interrompues de cordons horizontaux de pommiers nains, comme par exemple planche X, f. 25. Ou bien encore pour former des haies de poirier ou de pêcher, ou de tout autre arbre fruitier en cordon oblique, entrelacé ou en V ouvert, comme par exemple planche X, f. 24.

On peut s'en servir pour toutes sortes d'arbres fruitiers, mais c'est principalement pour les arbres à fruits à pépins qu'on l'emploie; les arbres à fruits à noyaux seraient souvent exposés, par cette greffe, à être atteints d'un écoulement de gomme et par suite à périr.

Epoque favorable pour la greffe par approche ordinaire.— Cette greffe se fait particulièrement au commencement du printemps ou pendant l'été.

II. — Greffe par approche ordinaire avec entailles correspondantes sur le sujet et la greffe.

Planche XI, f. 29 et 30.

Manière d'opérer.— Pour exécuter cette greffe, on fait sur le sujet et sur la greffe deux incisions correspondantes (*b c, a d*, f. 29); on enlève la peau aux points *e* et *f*, au-dessus de l'entaille sur le sujet *a* et au-dessous sur le sujet *b;* on insère ensuite les deux entailles l'une dans l'autre; on ligature fortement comme on le voit planche XI, f. 30, et l'on enduit de cire à greffer ou d'onguent de St-Fiacre, selon que les arbres sont gros ou de petite dimension.

Pour que cette greffe se fasse dans toute sa perfection, il faut que les deux arbres que l'on unit soient de mêmes dimensions. S'ils sont de dimensions différentes, il faut faire attention que les écorces se correspondent très exactement à l'intérieur, au moins d'un côté.

On ne doit jamais perdre de vue, lorsque l'on fait une greffe, quelle qu'elle soit, que c'est surtout entre les couches intérieures de l'écorce et les couches extérieures du bois que se fait l'union de la greffe et du sujet.

Epoque convenable. — Cette greffe doit se faire à la fin de l'hiver, au commencement du printemps, ou au commencement de l'automne.

III. — Greffe par Approche ordinaire pour soutiens alimenteurs.

Planche XI, fig. 27.

Manière d'opérer. — Cette greffe se fait comme la greffe par approche ordinaire.

Usages. — On s'en sert afin de donner aux branches trop faibles d'un arbre un soutien qui lui fournisse l'aliment dont il manque. Ainsi, par exemple, les branches inférieures d'un arbre en espalier sont affaiblies, les branches supérieures dominent en vigueur : on plante de chaque côté de cet arbre deux jeunes sujets de même espèce, on les greffe par approche aux branches inférieures (1), et on leur donne par ce moyen un supplément de sève qui équilibre la force de ces branches avec celle des branches supérieures.

C'est la méthode de M. Picot-Amette (2).

---

(1) Mais il n'est pas nécessaire qu'ils soient de même variété. Ainsi, pour un pêcher on peut prendre un pêcher de n'importe quelle variété; pour un poirier on peut prendre des poiriers quel qu'ils soient pourvu qu'ils aient de la vigueur.

(2) *Pratique raisonnée de l'Horticulture.*

IV. — Greffe par approche d'un rameau sur l'arbre auquel il tient.

Planche XI, fig. 28.

Manière d'opérer. — Pour l'exécuter, on fait une entaille sur le sujet au point *c* sur lequel on veut appliquer une branche *a d*. On prend cette branche située au-dessous, on la taille au point convenable, de manière à ce que les plaies, et par suite les écorces se correspondent parfaitement. On ligature solidement au point *c*, on enduit de mastic à greffer : au printemps suivant, on coupe immédiatement au-dessous du point *c*, et l'on a ainsi, l'année suivante, une branche qui manquait sur l'arbre.

Usages de cette greffe. — Cette greffe est très utilement employée afin de remplacer sur un arbre les branches qui manquent, sur une pyramide ou un espalier, par exemple.

Cette sorte de greffe se pratique surtout pour les arbres à fruits à pépins.

Epoque convenable. — L'époque la plus convenable pour la faire, c'est le commencement du printemps.

V. — Greffe par approche herbacée.

Planche XII, f. 34 et 35.

Manière d'opérer. — Pour faire cette greffe, on prend une jeune branche encore herbacée au-dessous du point que l'on veut garnir, planche XII, fig. 34; on fait, sur la branche-mère au point *a*, où l'on veut insérer une branche *a b*, une incision en H, ou double T horizontal, planche XII, fig. 33, de deux à trois centimètres de longueur; on enlève sur la jeune branche une portion d'écorce correspondant à la longueur d'écorce fendue sur la branche-mère; on soulève l'écorce de cette dernière, et, après l'avoir soulevée, on introduit dessous le jeune rameau *a b*, dont on a enlevé l'écorce en dessous, en ayant soin de laisser à la partie supérieure du rameau une feuille munie à sa base d'un jeune bourgeon, planche XVIII, fig. 86. On ligature ensuite et l'on recouvre bien toute la plaie de cire à greffer (1).

---

(1) Les cires à greffer, employées à chaud ou à froid, pour ces sortes de greffes, doivent être choisies de préférence parmi les liquides

Usage de cette greffe. — Cette greffe est très utile pour le remplacement des branches à fruit sur les arbres à fruit à noyau, et spécialement pour le pêcher. Elle est très bonne aussi pour remplacer les coursons qui manquent sur la vigne.

Epoque convenable.—Cette greffe peut se faire tout l'été, à partir du mois de juin, mais avec des rameaux encore à l'état herbacé. Au printemps suivant, on sépare, à la taille, le rameau en le coupant au point *c*, planche XI, fig. 34.

Si la branche charpentière avait plusieurs vides successifs, comme on le voit dans la planche XII, fig. 35, on grefferait plusieurs fois le même rameau sur la branche charpentière. Il faut seulement avoir soin de ne faire ces greffes que successivement, à 15 jours d'intervalle l'une de l'autre, afin de favoriser plus sûrement la reprise de chacune, f. 35 *a, b, c, d.*

CHAPITRE HUITIÈME.

Greffe par Scions ou Rameaux.

La greffe par scions est celle que l'on fait au moyen de scions ou jeunes branches de l'année bien aoutées, c'est-à-dire dans lesquelles les bourgeons sont bien formés et vigoureux.

On distingue plusieurs sortes de greffes par scions :

I. —La greffe en fente;

II. —La greffe en cran;

III.—La greffe en vrille;

IV.—La greffe en navette;

V. —La greffe en couronne.

Observations générales sur la préparation des sujets et des greffes, et sur le choix des greffes par scions.

1° Préparation du Sujet.

Dans la plupart des greffes par scions en fente ou en couronne (et ce sont les plus usitées), cette préparation consiste à couper la tête ou les branches du sujet que l'on veut greffer, et à les bien raser avec un instrument tranchant bien affilé; la serpette (1) est le meilleur pour cette opé-

---

(1) Ou bien la serpe à tailler la vigne si la partie à raser est grosse.

ration. Si l'on a coupé la tête du sujet avec une scie à main, ce qui a toujours lieu lorsque le sujet est gros, il faut, aussitôt après, le raser avec la serpette, afin que le désordre occasionné par les dents de la scie qui a déchiré les tissus du bois et de l'écorce soit le moins durable possible.

Plus bas, en parlant des diverses espèces de greffes par scions, nous traiterons du moment opportun pour faire cette amputation.

2° Préparation de la Greffe.

La préparation de la greffe consiste :

Dans le choix des jeunes branches les plus propres à être greffées;

Dans la préparation de ces branches,

Et, enfin, dans le moment le plus opportun pour les choisir.

A. — Du choix des jeunes branches ou scions.

La première de toutes les conditions, c'est de ne choisir ses greffes que sur des arbres sains et vigoureux, et cette règle doit s'appliquer à toutes les greffes quelles qu'elles soient.

La raison en est que la greffe reproduisant les défauts comme les qualités de l'arbre sur lequel on prend les scions ou jeunes branches, si on les choisissait sur un arbre atteint de quelque maladie, on serait à peu près sûr de n'avoir que des arbres malades. D'un autre côté, si l'on prenait les greffes sur un arbre faible, on n'aurait que des arbres atteints de faiblesse dans leur origine.

On doit, en outre, choisir généralement les branches de moyenne force et de moyenne longueur, et prendre de préférence celles qui semblent plutôt courtes que longues. Dans celles qui sont assez courtes, en effet, les yeux sont mieux aoutés et moins distancés que dans celles qui sont longues. Il faut cependant éviter de prendre les plus courtes dans lesquelles les boutons, très rapprochés les uns des autres, ont plus de tendance à donner du fruit qu'à donner du bois.

B. — De la préparation des branches pour la greffe.

La première de toutes les recommandations, c'est de se servir toujours d'un instrument bien tranchant. Une bonne serpette ou un greffoir sont les meilleurs de tous.

Nous indiquerons, pour chaque espèce de greffe en particulier, comment les parties de la greffe qui doivent coïncider avec le sujet doivent être taillées; mais ce que nous ne saurions assez recommander, c'est de ne laisser que deux ou trois bourgeons au plus dans la partie saillante de la greffe; et si l'on en laisse trois à cause de leur disposition pour en avoir un en dehors, lorsque l'on fait des greffes à deux ou quatre scions, nous recommandons d'éborgner les yeux intérieurs *b b*, planche XIII, f. 40.

La raison pour laquelle on ne doit laisser que deux ou trois yeux, c'est que, si on en laisse un plus grand nombre, la sève du sujet nourrit moins fortement chacune des branches plus nombreuses qui se développent, et par conséquent les pousses ont moins de force et de développement.

C. — Du moment le plus opportun pour couper les scions destinés aux greffes.

On doit d'ordinaire couper les jeunes branches pour les greffes quelque temps avant le moment de l'opération du greffage, quinze jours, trois semaines ou un mois auparavant, en ayant soin de les planter en terre à l'exposition du nord et de les y laisser jusqu'au moment où l'on devra s'en servir.

On peut, du reste, couper les jeunes rameaux beaucoup plus longtemps avant l'opération, si l'on en a besoin. Ainsi, l'on pourra prendre, dès le mois de novembre et décembre, les greffes qui devront servir à la fin de février ou au mois de mars.

Il faut, dans ce cas, avoir la précaution de les enterrer au moins à 40 centimètres de profondeur, un peu à l'ombre, et surtout à l'abri de l'humidité. J'ai ainsi parfaitement conservé, de décembre à mars, des greffes bien enveloppées de mousse et enterrées.

Mais supposé qu'on ait les arbres à sa portée et qu'on soit maître de choisir le moment le plus opportun, quand faut-il détacher les greffes du pied-mère?

Est-il bon de faire attention à la phase de la lune?

Nous commençons par faire remarquer que ce n'est point sur nos propres observations que nous

nous fondons dans ces indications qui vont suivre, car nous avons toujours coupé les jeunes branches destinées aux greffes sans tenir compte de la phase de la lune. Mais un horticulteur habile, M. Picot-Amette, parle, sur ce sujet, avec tant d'assurance que nous croyons devoir rapporter textuellement ce qu'il a dit à ce sujet :

« Personne aujourd'hui ne nie l'influence de la lune sur la coupe des bois de charpente et autres pour leur conservation : l'osier, par exemple, coupé pendant le premier quartier se mange aux vers et ne peut se garder plus d'une année, tandis qu'au contraire celui que l'on coupe pendant le déclin peut se conserver plusieurs années; toutes les phases de la lune ont une influence analogue sur tous les végétaux. Ces remarques pratiques m'ayant suggéré l'idée d'en faire l'application pour la coupe des rameaux qui doivent servir à greffer, j'ai observé qu'en faisant cette opération et en greffant au croissant de la lune, mes sujets poussent beaucoup plus, mais fructifient difficilement, tandis qu'en coupant mes rameaux et en greffant au déclin de celle de mars ou d'avril, mes sujets poussent moins peut-être, mais ils me donnent en revanche beaucoup plus de fruits, et n'auraient-ils que deux boutons frugifères, on est sûr du moins de récolter. Cette influence est plus grande sur les arbres à fruits à pépins que sur ceux à fruits à noyaux; mais elle existe pour toutes les espèces (1). »

M. Picot-Amette appuie ce qu'il avance sur des faits très frappants.

Il ne peut y avoir aucun inconvénient à suivre ses prescriptions, et il peut y avoir avantage à s'y conformer. Nous ne saurions donc qu'engager les amateurs à faire là-dessus des expériences comparatives.

Observation sur la manière dont on doit placer les greffes par scions.

Un observateur plein de mérite (2) fait observer que l'on doit toujours couper le sujet de manière à ce que le bourgeon inférieur de la greffe se trouve à la place d'un bourgeon dans le

(1) Picot-Amette, *Pratique raisonnée de l'Arboriculture*, 2e édit , 1855, p. 116.

(2) Scheidweiler, dans l'*Horticulteur praticien*, mars 1859.

sujet; la raison qu'il en donne, c'est que l'afflux de la sève étant déjà naturellement porté vers le bourgeon du sujet, le bourgeon de la greffe en profitera immédiatement, et cette dernière aura par suite beaucoup plus de chance de réussite.

§ I.

Greffes en Fente.

On donne le nom de greffes en fente à toutes les manières de greffer dans lesquelles on fend le sujet pour y insérer la greffe plus ou moins taillée en coin ou en biseau.

Voici les greffes en fente les plus usitées et les plus utiles pour les arbres fruitiers :

I. — La greffe en fente ordinaire à un seul scion ;

II. — La greffe en fente à un seul scion à tête du sujet taillée en biseau;

III. — La greffe en fente à deux scions;

IV. — La greffe en fente à quatre scions;

V. — Greffe en fente à quatre scions à fentes excentriques.

VI. — La greffe en fente de la vigne;

VII. — La greffe en fente-bouture pour la vigne;
VIII. — La greffe en fente excentrique de la vigne;
IX. — La greffe en fente de côté;
X. — La greffe en fente anglaise.

I. — Greffe en Fente à un seul scion (1).

Planche XIII, fig. 36, 37 et 38.

Manière d'opérer. — Pour faire cette greffe, on commence par scier le sujet au point où l'on doit le greffer, et l'on unit la plaie avec une serpette ou tout autre instrument bien affilé (2); on le fend ensuite verticalement sur son milieu, et l'on insère la greffe taillée en coin en lame de couteau(3), de manière à ce que les écorces coïncident autant

(1) SYNONYMIE. — *Greffe en fente simple,* DUH. phys. arb. II, p. 67, planche II, f. 95.
Greffe en fente Atticus, A. THOUIN, Cours de cult. II, p. 399, pl. 55, f. O, o, a. Planche XIII, f. 36, 37 et 38.

(2) C'est ce qu'on appelle raser la tête du sujet.

(3) C'est-à-dire un peu plus mince d'un côté que de l'autre. La partie la plus mince est destinée à être en dedans, et la plus épaisse en dehors; de cette manière, l'écorce de la greffe sera mieux serrée contre celle du sujet.

que possible en dedans. Pour être bien sûr de cette coïncidence, on fera bien d'incliner un peu du bas la greffe en dehors, comme on le voit planche XIII, fig. 37, ou bien en dedans, comme on le voit planche XIII, fig. 38.

De cette manière, on sera sûr que l'intérieur de l'écorce de la greffe touchera au moins par quelques points l'intérieur de l'écorce du sujet, ce qui suffit pour la reprise de la greffe; mais il sera encore mieux de les faire coïncider dans la plus grande partie de leur étendue.

Il faut, en outre, que la fente de l'écorce soit faite aussi nettement que possible, afin que les écorces coïncident par des surfaces très unies, ce qui aide beaucoup à la reprise.

Cela fait, on ligature avec un des liens indiqués plus haut (voyez p. 31 et 32), et l'on enduit de l'un des liniments ou mastics indiqués plus haut aussi (voyez p. 33 et suiv.).

Usages. — Cette greffe se pratique sur les arbres qui ont de un à cinq centimètres de diamètre.

Comme pour toutes les greffes par rameaux ou scions, on peut la faire ou bien un peu sous terre, ou bien presque rez de terre, ou bien à une hauteur quelconque qui cependant ne doit pas généralement dépasser deux mètres.

Epoque à laquelle on doit faire cette greffe.— La greffe en fente à un seul scion se fait comme toutes les autres sortes de greffes en fente, ordinairement à la fin de l'hiver ou au commencement du printemps, de février en avril pour les poiriers, coignassiers, pruniers et cerisiers. On peut la faire encore plus tard pour les néfliers et les pommiers. On peut également la faire en automne pendant les mois de septembre et d'octobre, et nous devons même dire que souvent les greffes d'automne reprennent mieux que celles du printemps, parce qu'elles sont moins contrariées par les pluies froides, les gelées et les variations de la température. On a seulement à craindre dans le midi de la France qu'elles ne poussent dès le mois de novembre; mais cet inconvénient se présente également pour les greffes en écusson; et la plupart du temps, il ne tire point à conséquence, car au printemps suivant les greffes poussent avec la même vigueur.

II. — Greffe en Fente à un scion à tête du sujet taillée en biseau (1).

Planche XIII, f. 39.

Cette greffe ne diffère de la précédente qu'en ce que la tête du sujet est taillée en biseau. Elle est préférable à la *greffe en fente ordinaire* pour les petits sujets en ce qu'elle favorise davantage l'afflux de la sève vers les bourgeons de la greffe.

Mode d'opérer. — Pour faire cette greffe, après avoir coupé et rasé la tête du sujet, on taille ce dernier en biseau, comme on peut le voir planche

---

(1) SYNONYMIE. — *Greffe (Bertemboise*) en fente, à un seul rameau porté sur un sujet, et taillé en biseau qui n'est pas occupé par la greffe*, A. THOUIN, Cours de culture, II, p. 401 et 402, pl. 55, f. Q.

Greffe en fente, autre sorte DUHAM., Phys. arb. II, p. 69.

Greffe en fente de Burchardt, SICKLER, Jard. allem., XII, p. 298, pl. 17, f. 1 et 4.

* Ainsi nommée en mémoire de Bertemboise, jardinier en chef du Jardin des Plantes de Paris, mort en 1745, qui a mis cette greffe en pratique. A. THOUIN.

XIII, f. 39, de manière à ce que le sommet du biseau ne laisse qu'un peu plus de place que n'en exige la grosseur du scion employé pour la greffe. On fend le sujet ensuite de la même manière que nous avons dit précédemment. Après avoir introduit la greffe dans la fente, on ligature et l'on couvre les fentes et tout le biseau de mastic à greffer.

Usages. — On emploi cette greffe pour de petits sujets que l'on veut greffer en fente ; mais celle-ci, comme la précédente, ne s'emploie que pour les arbres à fruits à pépins ou pour le *prunier* et le *cerisier* parmi les arbres à fruits à noyaux.

Epoque où l'on doit la faire. — Cette greffe se fait aux mêmes époques que la précédente, c'est-à-dire à la fin de l'hiver, au commencement du printemps ou au commencement de l'automne.

III.— Greffe en Fente à deux scions (1).

Planche XIII, fig. 40.

Manière d'opérer. — Cette greffe se fait de la même manière que la greffe en fente à un seul scion : seulement, on met une greffe de chaque côté de la tête du sujet.

C'est pour cette greffe et pour la suivante qu'on enveloppe la tête du sujet d'une poupée. Voici comment on s'y prend :

Dès que l'on a inséré les deux greffes sur le sujet, on applique sur la fente une feuille d'arbre vert, ou bien un morceau de chiffon, et après avoir mis dessus au moins un travers de doigt en épaisseur d'onguent de St-Fiacre, on recouvre le tout d'un chiffon de lin, de coton ou de laine, en ayant

---

(1) SYNONYMIE.—*Greffe en fente*, COLUMELL., liv. V. *Greffe (Palladius) en fente à deux rameaux placés à l'opposé, occupant chacun la demi-circonférence de la coupe du sujet.* A. THOUIN, Cours de Culture, II, p. 408. pl. 45, fig. Y.

bien soin, soit en plaçant l'onguent de St-Fiacre, soit en plaçant le chiffon, soit en l'attachant au-dessous de la greffe, de ne pas déranger les jeunes scions.

On attache la poupée avec des osiers, comme on le voit planche X, f. 22.

Usages. — Cette greffe est employée pour les sujets qui ont plus de 5 centimètres de diamètre. Elle peut s'appliquer à tous les arbres à fruits à pépins, et, parmi les arbres à noyaux, aux pruniers et aux cerisiers.

Epoque convenable pour faire la greffe à deux scions. — On la fait aux mêmes époques que les précédentes, c'est-à-dire à la fin de l'hiver, au commencement du printemps ou au commencement de l'automne, au mois de septembre et au commencement d'octobre.

Observation. — Pour toutes les greffes en fente qu'on fait à l'automne, il faut bien avoir soin de couvrir toutes les fentes avec du mastic à greffer, à cause des hâles si fréquents, surtout dans le midi à cette époque.

IV. — Greffe en Fente à quatre scions (1).

Planche XIV, fig. 43.

Manière d'opérer. — Cette greffe se fait comme les précédentes; seulement on fait deux fentes en croix dans lesquelles on introduit quatre scions, au lieu de n'en mettre que deux, comme on l'a fait dans la *greffe en fente à deux scions*. On couvre bien toute la tête d'onguent de St-Fiacre, et l'on met une poupée comme il a été dit page 86.

Usages. — Cette greffe ne doit être employée que pour les arbres à fruits à pépins, ou bien pour les cerisiers ou les pruniers d'un gros diamètre.

Epoque convenable. — La même que pour l'espèce précédente (voir page 87).

---

(1) Synonymie. — Greffe en fente La Quintinie, Instr. pour les jard. fruit. II, p. 65.
Greffe en fente à quatre rameaux, Duham., Phys. des arbr. II, p. 67.
Greffe *La Quintinie* à deux fentes partageant en quatre parties égales la coupe du sujet sur lequel on place quatre rameaux. A. Thouin, Cours de cult., II, p. 410, pl. 55, f. AA.

C'est, du reste, une mauvaise manière de greffer, parce que le sujet est le plus souvent fatigué par les deux fentes en croix; il vaut beaucoup mieux employer la *Greffe en couronne* (1) lorsqu'on veut mettre quatre ou un plus grand nombre de greffes sur un même sujet déjà gros.

V. — Greffe en Fente à quatre scions à fentes excentriques.

Planche XVIII, fig. 82.

Cette greffe se fait absolument comme la précédente. On a soin seulement de faire deux fentes parallèles et en dehors du centre du sujet. De cette manière on évite d'attaquer la moëlle de l'arbre.

Cette espèce de greffe est un peu moins mauvaise que la précédente, mais nous ne croyons pas non plus devoir la recommander. Nous lui préférons de beaucoup les greffes *en couronne*.

VI. — Greffe en Fente de la vigne.

Manière d'opérer.—Cette greffe se pratique absolument comme les précédentes; on la fait ordi-

(1) Voir plus loin la description des greffes en couronne.

nairement à un ou deux scions sous terre en déchaussant la vigne, en coupant et en fendant ensuite le sujet, et en opérant comme nous avons dit plus haut, c'est le moyen le plus sûr de réussir. On prépare la greffe comme pour une greffe en fente ordinaire; seulement lorsqu'on la fait sous terre on ne laisse sortir au-dessus du sol qu'un seul bourgeon qu'on a soin de sauvegarder par un piquet ou bien par deux sarments ou deux morceaux de bois flexible croisés en arc au-dessus de la greffe en les enfonçant en terre par les deux bouts comme on peut le voir planche XVIII, fig. 84.

On peut aussi la pratiquer sur la souche au-dessus de la terre, mais la réussite en est d'ordinaire moins assurée.

Epoque convenable. — Cette greffe se fait communément en mars, avril ou mai. Elle est souvent lente à pousser et il n'est pas rare que, comme toutes les greffes de la vigne, elle reste un ou deux mois et quelquefois plus longtemps complètement stationnaire. Ceci, du reste, n'étonnera aucun de ceux qui savent que, très souvent, les boutures de vigne plantées de novembre à mai ne poussent qu'en août ou septembre, quelquefois même qu'au mois de mai suivant.

VII. — Greffe en Fente-bouture pour la vigne.

Planche XVII, fig. 69 et 70.

Manière d'opérer. — Pour faire cette greffe, on prend un sarment qui ait au moins de quatre à sept bourgeons; on le taille dans son milieu des deux côtés comme dans la fig. 69, on l'introduit ensuite dans la fente du sujet de manière à ce qu'il n'y ait que deux yeux au-dessus de l'insertion dans la fente de la souche; ou a soin de laisser de deux à quatre bourgeons au-dessous de l'insertion. On couche cette partie; on enduit d'onguent de St-Fiacre et on recouvre bien de terre; au moins les yeux inférieurs doivent-ils être couverts de manière à ce que la partie du sarment enterrée puisse s'enraciner facilement; ce qui arrive presque toujours.

Epoque convenable. — Cette greffe doit se faire comme la précédente en mars, avril ou mai, selon qu'on opère dans le midi ou dans le nord de la France.

Observation sur les Greffes en fente de la Vigne.

Lorsqu'on veut faire des greffes en fente de la vigne, quelles qu'elles soient, il faut avoir soin de couper et d'enterrer dès les mois de janvier ou de février les sarments que l'on destine à ces greffes, afin que les bourgeons ne soient pas trop enflés au moment où l'on devra opérer.

VIII. — Greffe en Fente excentrique de la vigne pour ne pas offenser la moëlle.

Planche XVIII, fig. 83.

Cette greffe se fait absolument comme la greffe en fente ordinaire de la vigne, seulement au lieu de fendre la souche sur le milieu on la fend un peu sur le côté pour éviter de toucher à la moëlle du sujet.

IX. — Greffe en Fente de côté.

Planche XIV, fig. 44, 45 et 51.

Manière d'opérer. — Pour faire une greffe en fente de côté, on choisit, autant que possible, un jeune scion courbé comme l'indique la fig. 45; on le taille en coin, comme pour une greffe ordinaire, et l'on fait une fente un peu oblique sur le sujet. On y insère ensuite la greffe sans avoir coupé la tête du sujet, comme dans les greffes précédentes, de manière à bien faire raccorder les écorces intérieures, et à laisser sur la greffe un bourgeon ressortant en dehors comme il est indiqué fig. 51. On ligature et l'on enduit soigneusement de cire à greffer, de manière à parfaitement recouvrir les fentes et les cicatrices du sujet et de la greffe.

Usages de la greffe en fente de côté. — Cette greffe est fort utile pour placer des branches qui manquent sur un arbre, soit en pyramide, soit en espalier, soit en cul-de-lampe. Il est convenable de laisser trois yeux à la greffe, comme il est indiqué fig. 45. Enfin, lorsque ces yeux ont poussé, on choisit celui qui paraît prendre la meilleure direction pour la branche qu'on a le projet de former. Cette greffe doit être exclusivement réservée pour les arbres à fruits à pépins.

Epoque convenable pour faire la greffe en fente

de côté. — Cette greffe doit se faire, comme les autres greffes en fente, vers la fin de l'hiver, ou au commencement du printemps, ou bien à l'automne.

Observation. — Pour bien assurer la reprise de cette greffe, il est bon de faire une forte entaille au-dessus du point d'insertion de la greffe, comme on peut le voir planche XIV, fig. 51 *d.* Cette entaille doit enlever le bois jusqu'à la profondeur de 4 à 30 millimètres, selon la grosseur du sujet. La sève, ainsi arrêtée dans son mouvement d'ascension (1), se porte avec force sur la greffe et, par conséquent, en assure la reprise. Il faut bien se garder de mettre aucun engluement sur cette plaie, jusqu'à ce que la greffe est bien reprise et qu'elle a poussé vigoureusement, ce qui a lieu d'ordinaire vers la fin de juillet. On peut alors enduire l'entaille de cire à greffer, ou bien on peut attendre jusqu'au printemps suivant, si l'on tient à donner un grand développement aux pousses de cette greffe.

(1) La sève monte dans un arbre à travers les couches du bois et redescend entre le bois et l'écorce.

X. — Greffe en Fente anglaise.

Planche XIV, fig. 46, 47 et 58.

Manière d'opérer. — Cette greffe se fait en taillant le sujet en biseau allongé, et en taillant également la greffe en biseau allongé parfaitement correspondant au biseau du sujet, comme on le voit planche XIV, fig. 46 et 47. On fait ensuite sur le sujet une fente de haut en bas, et autant que possible entre les points *o f* (planche XIV, fig. 46), c'est-à-dire un peu sur le côté, entre la moëlle et l'écorce. On fait également une fente correspondante sur la greffe, de bas en haut, entre les points *o b*, et l'on enchevêtre la greffe et le sujet de manière à ce que toutes les parties de l'écorce de la greffe et du sujet coïncident entre elles. On ligature et on recouvre bien toutes les fentes de cire à greffer.

C'est, sans contredit, la greffe la plus solide de toutes lorsqu'elle est bien reprise. Mais, pour la faire, il faut que le sujet soit de même diamètre que la greffe, afin que toutes les parties des écorces se correspondent parfaitement.

Usages. — Cette greffe peut être utilement employée pour greffer de jeunes sujets dont le diamètre ne dépasse pas un centimètre ou un centimètre et demi. On peut aussi l'employer pour greffer de jeunes plants d'un an et, plus souvent encore, de jeunes branches de l'année sur un arbre.

On peut aussi greffer en fente anglaise des sujets un peu plus gros que la greffe en se contentant de bien faire coïncider les écorces d'un côté seulement (planche XV, fig. 52 et 53).

A la greffe en fente anglaise se rattachent les **Greffes par enfourchement,** dont la première porte encore le nom de greffe anglaise (planche XV, fig. 58 et 59).

Elle se fait en taillant le sujet comme on le voit dans la fig. 59, et la greffe comme on le voit dans la fig. 58. C'est absolument comme la greffe en fente anglaise, pour l'enchevêtrement de la greffe dans le sujet, sans que ni l'un ni l'autre soient fendus. C'est une greffe aussi solide que la greffe ordinaire en fente anglaise décrite au numéro précédent. Elle a l'avantage de faire moins de plaies bâillantes, mais elle a l'inconvénient d'être plus longue à exécuter et d'exiger beaucoup plus de précision pour l'ajustement et la parfaite coïncidence de toutes les parties de la greffe et du sujet.

Dans cette greffe, on doit enduire de mastic à greffer de tous les côtés, sur toutes les jointures de la greffe et du sujet, comme dans la greffe en fente anglaise ordinaire.

La greffe représentée planche XV, fig. 56 et 57, est encore une variété de cette sorte de greffe, mais celle-ci est moins solide que la précédente.

Il en est de même de celle représentée planche XVI, fig. 62 et 63.

Celle indiquée dans la planche XVI, fig. 60 et 61, vaut mieux en ce que l'enchevêtrement est aussi solide que celui de la planche XV, fig. 58 et 59.

La greffe par **juxtà-position**, représentée dans la planche XIV, fig. 49 et 50, est la plus mauvaise de toutes, quoique la plus facile et la plus expéditive de celles qui se font sur des sujets de mêmes dimensions que les greffes. Elle est très exposée à être décollée par les vents violents. Cependant, si elle est fortement ligaturée et qu'elle

BIBLIOTHÈQUE IMPÉRIALE IMPR.

soit exécutée sous terre, lorsqu'elle est bien reprise, elle peut faire de bons arbres.

La greffe représentée dans la planche XV, fig. 54 et 55, est dans le même cas que la précédente. Elle ne présente pas beaucoup plus de solidité, et elle a l'inconvénient d'être plus difficile à exécuter et d'exiger beaucoup plus de temps.

Les greffes par ENFOURCHEMENT PROPREMENT DIT sont beaucoup plus solides, comme par exemple :

1° La **Greffe par enfourchement de la greffe dans le sujet**.

Planche XVI, fig. 64 et 65.

2° La **Greffe par enfourchement du sujet dans la greffe**.

Planche XVI, fig. 66 et 67.

Ces greffes sont plus difficiles à faire que la greffe en fente anglaise ordinaire et sont aussi un peu moins solides. Les planches dans lesquelles nous les avons représentées indiquent assez la manière de les exécuter pour que nous ne soyons pas obligé de nous arrêter à les décrire, d'autant plus que nous considérons ces diverses variétés de greffes comme d'une très minime utilité. Si nous les avons indiquées, c'est uniquement pour la satisfaction de certains amateurs qui trouvent toujours du plaisir dans la variété et dans les difficultés vaincues.

Dans la planche XVII, fig. 68, nous avons indiqué une greffe par enfourchement avec un sujet plus grand que la greffe. Dans ce cas, on place la greffe au milieu du sujet, et on taille en biseau des deux côtés.

Toutes les greffes par enfourchement ne doivent se faire que sur les arbres à fruits à pépins pour que la réussite en soit à peu près assurée.

On doit les faire aussi aux mêmes époques que les autres greffes en fente.

On peut, du reste, donner aux enchevêtrements toutes les formes que l'on veut.

Epoque convenable. — La même que pour les greffes en fente ordinaires.

§ II.

Greffes en Cran.

Les greffes en cran sont celles qui se font en enlevant sur le sujet une partie d'écorce et de bois formant une entaille plus ou moins profonde, et en enlevant sur la greffe une partie correspondante d'écorce et de bois.

On distingue deux sortes de greffes en cran.

I. — Greffe en Cran ordinaire.

Planche XVII, fig. 71 et 72.

Manière d'opérer. — La greffe en cran est une greffe dans laquelle on fait latéralement au sujet un cran assez profond pour pouvoir y insérer la greffe que l'on taille en coin correspondant au cran incisé sur le sujet.

Il faut que la greffe entre de force dans le sujet afin qu'elle y ait de la solidité.

On doit avoir soin de bien couvrir toutes les fentes de cire à greffer.

Usages. — Cette greffe sert surtout à placer des branches sur le tronc, ou les branches-mères dans les arbres à fruits à pépins. On ne doit l'employer que pour les arbres à fruits à pépins, car presque toujours elle déterminerait l'écoulement de la gomme dans les arbres à fruits à noyaux.

Epoque convenable. — On doit faire la greffe en

cran aux mêmes époques que les greffes en fente, c'est-à-dire à la fin de l'hiver, au commencement du printemps. Il faut éviter de les faire à l'automne parce qu'il arriverait souvent que la reprise ne serait pas suffisante avant l'hiver.

Observation. — Pour cette greffe, comme pour la greffe en fente de côté, il est bon et même presque indispensable de faire sur le sujet, au-dessus du cran destiné à recevoir la greffe, une forte entaille qui pénètre assez profondément dans le bois pour favoriser l'afflux de la sève vers la greffe (voir page 94). Sans cette précaution, cette greffe réussit rarement.

II. — Greffe en Cran par entaille triangulaire sur la tête du sujet (1).

Planche XIX, fig. 96, 97 et 98.

Manière d'opérer. — Pour faire cette greffe, on commence par couper et raser la tête du sujet. On pratique ensuite longitudinalement une entaille

(1) SYNONYMIE. — Greffe Noisette.
Greffe à la Pontoise.

triangulaire comme on le voit, planche XX, fig. 98, on taille la greffe en angle de manière à ce qu'elle corresponde parfaitement à l'entaille du sujet soit pour la longueur, soit pour la profondeur, soit pour la largeur, comme on le voit planche XX, fig. 97. On place ensuite la greffe sur le sujet; on ligature solidement de manière à ce que les écorces intérieures se correspondent parfaitement dans le sujet et dans la greffe. Enfin, on recouvre bien toutes les sutures et la tête rasée du sujet de mastic à greffer ou bien d'onguent de St-Fiacre si le sujet était très gros.

Pour faire les entailles, on peut se servir d'un instrument tranchant bien affilé, quel qu'il soit, serpette, greffoir, couteau, etc., mais il existe un greffoir spécial inventé par M. Louis Noisette (1), dont nous donnons la forme, planche XX, fig. 100 et 101. Ce greffoir consiste en une sorte d'emporte-pièce triangulaire qui assure l'exacte correspondance entre l'entaille du sujet et celle de la greffe.

Usages. — Cette greffe sert spécialement pour

(1) Auteur du *Manuel du Jardinier*.

greffer de jeunes orangers, sur lesquels on place ainsi une branche chargée de fleurs et même de fruits qui réussissent fort bien. On s'en sert peu pour les autres arbres fruitiers. On peut néanmoins l'employer utilement pour refaire la tête à des arbres qu'on ne veut pas greffer en fente; nous lui préférons néanmoins, dans ce cas, la greffe en couronne.

Epoque convenable. — Pour les orangers, cette greffe se fait au commencement du printemps. Pour les autres arbres, on doit les faire aux époques déjà si souvent indiquées pour les greffes en fente.

§ III.

Greffe en Vrille.

Planche XVII, fig. 74 et 75.

Manière d'opérer. — Cette greffe se fait en perçant le sujet avec une vrille ou une mèche ou une gouge; le trou doit être oblique, incliné vers le bas dans le sujet, et en taillant la greffe en cône, que l'on force dans le sujet, jusqu'à ce que les écorces se joignent. On entoure les bords de mastic à greffer.

Usages. — Cette greffe ne doit se pratiquer que sur les arbres à fruits à pépins. Elle peut réussir aussi sur les pruniers et les cerisiers, mais elle détermine le plus souvent la gomme qui entraîne la perte du sujet.

Son usage le plus fréquent et le meilleur est pour greffer la vigne un peu sous terre. On greffe ainsi en grand les vignobles dans quelques points de l'Armagnac et avec succès.

Epoque convenable.—Cette greffe sur la vigne se fait dans le mois de mars ou d'avril et même de mai, selon qu'on opère dans le midi ou dans le nord.

On peut ainsi, dans des vignes jeunes encore, changer les cépages au moyen de la greffe en vrille.

Lorsqu'on veut le faire, on pratique ces greffes sous terre en déchaussant le pied de la vigne, on enduit d'onguent de St-Fiacre et on rechausse en ne laissant qu'un bourgeon hors de terre; le bourgeon qu'on a laissé sous terre s'enracine presque toujours et cette greffe devient ainsi fort souvent une greffe-bouture.

La plupart du temps la vigne ainsi greffée pousse vigoureusement dès la première année.

On ne retranche point la tête du sujet et on attend à l'année suivante pour couper définitivement la souche; et même, si la greffe n'était pas bien vigoureuse, on attendrait à l'année suivante, pour profiter encore, la seconde année, de la récolte du pied greffé.

Dans ce dernier cas, il faudrait charger très-peu la vigne et pincer en été tous les sarments autres que ceux qui pousseraient de la greffe.

§ IV.

Greffes en Navette.

On appelle greffes en navette des greffes dans lesquelles on prend un seul bourgeon autour duquel on taille le bois en forme de navette comme on peut le voir, planches XVII et XVIII, fig. 76 et 80.

On distingue deux sortes de greffes en navette :

1° La greffe en navette par entaille du sujet;

2° La greffe en navette par fente du sujet.

Observation. — Les greffes en navette sont exclusivement réservées à la vigne, mais on pourrait les employer pour d'autres arbres.

I. — Greffe en Navette par entaille du sujet.

Planche XVIII, fig. 76, 77 et 78.

Manière d'opérer. — Pour faire cette greffe, on taille en navette, c'est-à-dire en l'amincissant des deux bouts, un morceau de sarment de vigne en laissant un bourgeon bien intact, fig. 76; on fait sur la souche, horizontalement, une entaille égale et correspondante à la navette taillée dans le sarment, fig. 77, et l'on insère la navette dans cette entaille, en ayant soin de bien faire coïncider les écorces intérieures. On ligature solidement et on enduit toutes les fentes de mastic à greffer.

Usages. — Cette greffe doit être employée toutes les fois que l'on veut placer des coursons sur une grosse tige de vigne en espalier sur laquelle ils ont disparu.

II. — Greffe en Navette en fendant le sujet.

Planche XVIII, fig. 79, 80 et 81.

Manière d'opérer. — Pour faire cette greffe, on taille un fragment de sarment en navette, en laissant l'écorce des deux côtés opposés, fig. 80. On fend le sujet longitudinalement dans son milieu, fig. 81, à la place où l'on doit mettre la greffe, on introduit celle-ci qui est comme emprisonnée et serrée par le courson qui fait ressort, fig. 79, on ligature et l'on enduit en dessus et en dessous, dans toute l'étendue des fentes, de cire ou mastic à greffer.

Usages. — Cette greffe est plus particulièrement employée pour mettre des coursons sur une vigne en treille, jeune encore, et spécialement sur les branches de deux ou trois ans qui ont perdu leurs coursons comme cela arrive quelquefois.

Epoque convenable.— Cette greffe doit se faire comme toutes celles pour la vigne de mars à mai. (voir page 90).

§ V.

Greffes en Couronne.

Les greffes en couronne sont celles qui se font en introduisant un scion entre l'écorce et le bois du sujet sans fendre le bois de ce dernier.

Nous allons successivement examiner comment on doit procéder à la préparation du sujet, à la préparation de la greffe, et dans quel cas on doit préférer la greffe en couronne à la greffe en fente.

Préparation du Sujet. — Pour greffer en couronne, on doit au moment de faire la greffe ou peu de temps auparavant couper la tête du sujet, excepté pour la greffe en couronne de côté (voir plus bas la manière de faire cette greffe). Je dis ou bien au moment de faire la greffe ou quelque temps auparavant; mais dans ce dernier cas, il est très utile de rafraîchir la tête du sujet au moment même de l'opération de la greffe.

Préparation de la Greffe. — La jeune branche ou scion doit se préparer pour la greffe en couronne en coin allongé des deux côtés (voir planche XIX, fig. 87), comme pour les greffes en fente, ou bien en biseau d'un seul côté en laissant de l'autre côté l'écorce intacte (voir planche XIX, fig. 88); ou bien on peut ajouter un point d'arrêt qui repose sur la tête du sujet (voir planche XIX, fig. 89); ou bien faire un cran sur la greffe et faire un cran correspondant sur le sujet (voir planche XIX, fig. 90).

Dans quel cas doit-on préférer la greffe en couronne à la greffe en fente?

On doit préférer la greffe en couronne à la greffe en fente :

1° Toutes les fois que l'on a de très gros sujets à greffer, c'est-à-dire quand ils ont plus de dix centimètres de diamètre, soit que l'on ait à greffer des tiges, soit que l'on ait à greffer des branches.

On peut néanmoins faire les greffes en couronne sans que le sujet ait cette dimension. Il suffit que ce dernier ait de trois à quatre centimètres de diamètre;

2° Toutes les fois que le temps est mauvais au moment où l'on devrait faire la greffe en fente, soit à cause des froids excessifs pour la saison, soit à cause des pluies froides trop prolongées qui arrivent souvent au commencement du printemps, soit enfin pour tout autre motif qui serait venu contrarier au moment de la greffe en fente;

3° Comme la greffe en couronne laisse au moins

un mois de plus de latitude, on peut faire des greffes de ce genre un mois et même un mois et demi après qu'on ne peut plus s'attendre à une bonne réussite des greffes en fente.

Il faut seulement pour pouvoir faire les greffes en couronne avoir eu soin d'enterrer les jeunes branches que l'on destine à fournir les greffes, afin qu'elles soient moins poussées que le sujet au moment de l'opération.

Diverses espèces de Greffes en couronne.

Les greffes en couronne les plus usitées pour les arbres fruitiers, sont :

I. — La greffe en couronne ordinaire;

II. — La greffe en couronne avec fente de l'écorce du sujet;

III. — Greffe en couronne de côté.

I. — Greffe en Couronne ordinaire (1).

Planche XIX, fig. 90 et 91.

Usages. — La greffe en couronne ordinaire se pratique le plus souvent sur les sujets gros, c'est-à-dire de 10 à 30 centimètres de diamètre au moins. On peut néanmoins la faire sur des sujets moins forts.

Manière d'opérer pour faire cette greffe.—Après avoir taillé la greffe comme il a été dit page 108, on écarte doucement l'écorce du bois avec un petit coin en bois du genre de ceux employés pour la greffe en fente (voir page 30 et planche V, fig. 8), ou bien avec la spatule du greffoir. Cet écartement se fait avec facilité par cela seul que l'arbre, par-

---

(1) Synonymie.—Greffe entre l'écorce et le bois; insitio inter corticem et lignum, Pline.
Greffe pour rajeunir les vieux arbres, *Deutch. Gœrt. Mag.*, pl. XXII, fig. 1, 2, 3.
Greffe (Pline) en couronne à rameaux insérés entre l'aubier et l'écorce du sujet, A. Thouin, *Cours de cult.*, II, p. 414, pl. 55, fig. GG, *gg*.

faitement en sève, laisse séparer l'écorce du bois. La première ayant beaucoup d'élasticité, on introduit ensuite facilement la greffe taillée en biseau d'un seul côté (fig. 88), ou bien en coin, des deux côtés (fig. 87), avec ou sans arrêt ou cran (fig. 89 et 90).

On peut mettre un nombre plus ou moins considérable de greffes, selon la dimension du sujet. Ainsi, on peut en placer de 4 à 8 sur un sujet de 10 cent. de diamètre. Mais, si l'on en met 8, je conseillerais de mettre alternativement une greffe de bourgeons à bois et une greffe de boutons à fruit, ou même encore deux greffes de bourgeons à bois et le reste de boutons à fruit. Pour un sujet de 15 cent., on pourrait mettre de 6 à 12 greffes; pour un sujet de 20 centimètres, on pourrait en mettre jusqu'à 16. Mais, dans ce cas, nous conseillerions toujours de ne mettre que deux ou trois greffes de boutons à bois, et toutes les autres de boutons à fruit. (Voir plus bas la greffe en couronne de boutons à fruit.)

On peut également, comme pour les greffes en fente, ne mettre qu'une, deux ou trois greffes si le sujet est petit et qu'on veuille le greffer en couronne.

Après avoir placé les greffes, il faut avoir soin de bien enduire de mastic à greffer tout le pourtour de l'écorce, de manière à ce qu'il ne reste aucun accès à l'air et à la pluie entre l'écorce et le bois.

Il est ordinairement inutile, dans cette greffe, de faire aucune ligature. Si, cependant, le sujet était de petite dimension, on pourrait ligaturer avec de larges bandes d'étoffe de laine ou de natte, en ayant soin de serrer peu la ligature.

Epoque convenable pour faire la greffe en couronne ordinaire. — Pour cette greffe, comme pour toutes les greffes ordinaires en couronne, le moment opportun est celui où l'écorce se sépare parfaitement du sujet au printemps, en avril ou mai, ou bien à la fin d'août ou en septembre, au déclin de sa sève, lorsque le bois et l'écorce du sujet sont encore dans ces conditions.

II. — Greffe en couronne en fendant l'écorce du sujet (1).

Planche XIX, fig. 90.

Manière d'opérer. — Pour faire cette espèce de greffe on pratique une fente longitudinale dans l'écorce pour introduire les greffes avec facilité.

La fente longitudinale doit être de deux à trois centimètres au plus. Chaque fente peut servir à l'introduction de deux greffes, l'une à droite, l'autre à gauche de la fente, planche XIX, fig. 90.

On soulève l'écorce avec la spatule du greffoir

(1) SYNONYMIE. — Greffe entre l'écorce, AGRICOLA, *Agr. parf.*, 1re partie, p. 192, pl. 7, fig. C.
Greffe dans l'écorce à épaule ou en couronne, FORSYTH, *Traité des Arbr. fruit.*, p. 381, pl. 11, fig. 1, *a*, *b*, *c*.
Greffe (Théophraste) en couronne à rameaux insérés entre l'aubier et l'écorce du sujet en fendant cette dernière, A. THOUIN, *Cours de Cult.*, p. 414 et 415, pl. 55, fig. H H.

et l'on insère les greffes par cette fente. On ligature ensuite suffisamment pour bien maintenir l'écorce contre le bois et les greffes, et l'on a soin de bien enduire toutes les fentes en dessus et par côté de mastic à greffer ou d'onguent de St-Fiacre.

Usages de cette greffe. — Elle remplace très avantageusement la précédente toutes les fois que l'écorce est dure et peu élastique, ou bien lorsque le sujet n'est pas très gros. Lorsqu'il est au contraire de fortes dimensions, elle fournit le moyen d'insérer facilement un plus grand nombre de greffes sur le sujet. Elle est très usitée pour tous les arbres à fruits à pépins, et, parmi les arbres à fruits à noyaux, pour le *Cerisier* et le *Prunier*, encore déterminera-t-elle souvent l'écoulement de la gomme.

Epoque convenable pour faire cette greffe. — C'est dans le courant du mois d'avril ou de mai qu'on peut la faire avec la presque certitude de réussir. On pourrait aussi la faire au mois de septembre, lorsqu'à cette époque, l'écorce se sépare encore facilement du bois. Il faut seulement avoir soin de prendre pour greffer, en septembre, des branches dont les yeux soient bien aoutés.

III. — Greffe en Couronne à tête du sujet taillé en biseau (1).

Planche XIX, fig. 91, 92 et 99.

Manière d'opérer. — Pour faire cette greffe, on coupe la partie supérieure du sujet en biseau peu allongé, comme on le voit planche XIX, fig. 91 ; on taille la greffe également en biseau très allongé, et l'on fait un cran à angle aigu correspondant à l'inclinaison du biseau du sujet. Ce cran doit être à peu près vis-à-vis du bourgeon inférieur de la greffe, comme on le voit planche XIX, fig. 99. On fend ensuite l'écorce du sujet vis-à-vis de la partie la plus élevée du biseau, et après avoir soulevé l'écorce des deux côtés ou bien d'un seul côté seulement, on y insère la greffe de manière à ce que le cran vienne reposer sur la tête du sujet; enfin, on ligature solidement. Il faut ensuite avoir soin

---

(1) Greffe en couronne perfectionnée, Du Breuil, *Instr. élém. sur la cond. des arbr. fruit.*

de bien couvrir de mastic à greffer et le biseau du sujet et la greffe, le long de la fente de l'écorce.

Usages. — Cette greffe peut servir pour greffer de petits sujets qu'elle mutile moins que les greffes ordinaires en fente; elle présente, d'ailleurs, autant de chances de succès que ces dernières, et doit, par conséquent, leur être préférée toutes les fois qu'on peut s'en servir. Elle doit être exclusivement réservée pour les arbres à fruits à pépins, comme, du reste, toutes les variétés de greffes en couronne.

Epoque convenable pour faire la greffe en couronne à tête du sujet taillé en biseau. — On doit faire cette greffe comme toutes les autres greffes en couronne, au printemps, dès que les écorces se séparent facilement du bois, ou bien vers la fin de l'été, lorsque la sève à son déclin permet encore au bois de se séparer de l'écorce; c'est d'ordinaire, comme nous l'avons dit plus haut, dans le courant du mois de septembre.

IV. — Greffe en Couronne de côté (1).

Planche XIX, fig. 93 et 95.

Manière d'opérer. — Pour faire cette greffe, on prend un scion un peu arqué (voir planche XIX, fig. 95) que l'on taille en biseau d'un seul côté.

---

(1) SYNONYMIE. — Greffe en couronne, troisième sorte, DUHAM, *Phys. des Arbres*, II, p. 70, pl. 12, fig. 99 et 99'.
Greffe du pasteur du Christ, var. *a*, *Man. de la cult. des fruits*, I, p. 127.
Greffe entre l'écorce et le bois, troisième sorte, SICKLER, *Jard. allem.*, III, p. 31, pl. IV, fig. 6, 7, 8, 9 et 10 (d'après A. THOUIN).
Greffe (Richard) de côté insérée sur la tige d'un arbre dans une incision en T pratiquée dans son écorce. A. THOUIN, *Cours de Cult.*, II, p. 424, planche 55, fig. NN.
Greffe de côté en couronne, NOISETTE. *La Greffe*, p. 70, et pl. 3, fig. 8.
Greffe de côté Richard, DU BREUIL, *Trait. cond. et taille des arbr. fruit.*
Greffe de côté en T, HARDY, *Traité de la taille des arbr. fruit.*, p. 281, fig. 105.

On fait ensuite, sur le sujet, une fente longitudinale *a c*, coupée à sa partie supérieure par une autre fente transversale, le tout formant un T comme pour les greffes en écusson. On enlève, en outre, immédiatement au-dessus de l'incision transversale un peu d'écorce, comme on le voit planche XIX, fig. 93 *k*, de manière à ce que la greffe s'y applique bien exactement.

Au-dessus de la fente horizontale, on fait avec la serpette un cran assez profond pour enlever une portion de bois, comme on le voit planche XIX, fig. 93 *b*. On prend cette précaution pour arrêter la sève ascendante, et la forcer à prendre la direction de la greffe, comme nous l'avons déjà fait pour les greffes en fente de côté, p. 94. On ligature ensuite solidement, et l'on enduit de mastic toutes les fentes autour de la greffe. Mais pour celle-ci, comme pour la greffe en fente de côté, il faut éviter de mettre du mastic à greffer sur le cran que l'on a fait au-dessus de la greffe pour faire refluer la sève sur elle.

Usages. — Cette sorte de greffe est très utile pour remplacer une branche sur une pyramide, sur un cul de lampe, et même quelquefois sur un espalier. Elle doit être exclusivement réservée pour les arbres à fruits à pépins, pour lesquels elle est préférable à la greffe en fente de côté, en ce qu'elle mutile un peu moins le sujet et que la réussite en est plus assurée.

Epoque convenable pour faire la greffe en couronne de côté. — L'époque la plus convenable est incontestablement le mois d'avril ou de mai. Nous devons seulement faire observer encore une fois que, pour cette greffe, comme pour toutes celles en couronne, il faut avoir eu soin de conserver sous terre des scions propres à être greffés.

Observation. — Les greffes en couronne dont nous venons de parler peuvent se faire, ou bien en taillant la greffe en coin des deux côtés, comme on le voit planche XIX, fig. 86, ou bien en la taillant en biseau seulement d'un côté, comme on le voit planche XIX, fig. 87, ou bien en la taillant d'un côté, et faisant au haut du biseau un arrêt qui s'appuie sur le bord de la tête du sujet, comme on le voit planche XIX, fig. 88 et 89, ou bien enfin en faisant sur la tête du sujet un cran qui corresponde à une dent semblable au sommet du biseau de la greffe, comme on le voit planche XIX, fig. 99 *bis*.

CHAPITRE NEUVIÈME.

Greffes par Bourgeons.

Les greffes par bourgeons sont celles dans lesquelles, au lieu de prendre une jeune branche ou scion, comme on le fait pour les *greffes* en *fente*, en *cran*, en *vrille*, en *navette* et en *couronne*, on se contente de prendre un ou plusieurs bourgeons de l'année même, lorsqu'on fait les greffes en été ou à l'automne, ou bien de l'année précédente lorsqu'on fait ces greffes au commencement du printemps.

De même que nous avons vu, dans le chapitre précédent, qu'il y a plusieurs sortes de greffes par *scions*, de même on distingue plusieurs sortes de greffes par bourgeons.

Les principales sont :

I. —Les greffes en écusson;

II. —Les greffes en placage;

III.—Les greffes en flûte ou en sifflet.

Observations générales sur la préparation des sujets et des greffes, et sur le choix des greffes par bourgeons.

1° Préparation du Sujet.

La préparation du sujet pour les greffes par bourgeons consiste simplement à bien choisir les sujets convenables pour ces sortes de greffes.

On doit en général choisir des tiges ou des branches (1) dont l'écorce soit bien lisse et qui ne soient pas trop vieux. S'ils ont plus de deux ans, on est exposé à voir manquer les greffes qu'on fera sur des sujets plus âgés.

La meilleure de toutes les conditions pour réussir, c'est de faire les greffes par bourgeons sur des sujets d'un an, ou des branches de l'année même, fortes et vigoureuses. On est alors à peu près assuré de la réussite, pourvu qu'on opère comme nous l'indiquerons plus tard pour chaque espèce de greffe.

Quant aux autres préparations du sujet, comme elles doivent être différentes selon les diverses

(1) Selon qu'on fait la greffe sur un jeune sujet ou bien sur une branche d'un arbre plus âgé.

espèces de greffes par bourgeons que l'on emploiera, nous devons renvoyer à l'article spécial pour chaque greffe.

2° Préparation de la Greffe.

Toute la préparation consiste, dans les greffes par bourgeons, à bien enlever le bourgeon avec la racine intérieure de son œil, ou bien avec une portion du bois jeune encore qui entoure la base du bourgeon. Il n'est nullement nécessaire que le bourgeon se détache parfaitement du bois ou, en d'autres termes, que l'arbre soit parfaitement en sève. Les greffes réussissent très bien avec des bourgeons enlevés sans que la branche sur laquelle on les prend soit elle-même bien en sève; mais il est toujours indispensable que, dans le sujet, l'écorce se détache parfaitement du bois.

3° Du Choix des Greffes ou des Bourgeons.

Le choix des greffes ou des bourgeons est, sans contredit, la partie la plus essentielle de tout ce qui regarde les greffes dont nous parlons.

Nous devons rappeler ici ce que nous avons dit plus haut, en parlant du choix des greffes par scions, que l'on ne doit choisir ses greffes que sur des arbres parfaitement sains, vigoureux et fertiles. De plus, on doit avoir grand soin de ne prendre que des bourgeons très bien aoutés. Si l'on craint de ne pas avoir des yeux suffisamment aoutés sur l'arbre où l'on veut prendre les greffes, il suffira de casser, quinze jours à l'avance, les branches sur lesquelles on voudra les choisir, en ne laissant que le nombre de bourgeons dont on prévoit que l'on aura besoin (1). On sera sûr, par cette simple précaution, que les yeux de la branche cassée à son extrémité supérieure, mieux nourris par la sève, se trouveront après quinze jours ou trois semaines dans les meilleures conditions pour fournir d'excellentes greffes.

§ I.

Greffes en Ecusson.

Les greffes en écusson sont les greffes dans lesquelles on enlève une plaque d'écorce avec un

(1) Il sera bon d'éborgner en même temps les yeux les plus rapprochés de la base de la branche, qui ne sont presque jamais bien aoutés.

seul bourgeon bien aouté, en forme d'écusson, (planche XX, fig. 102), plus ou moins exacte et plus ou moins allongée.

Les greffes en écusson seront toujours les plus expéditives de toutes, et, par conséquent, les plus communément usitées, au moins pour les sujets jeunes et de petites dimensions.

Elles peuvent se faire depuis le moment où la sève monte, au printemps, jusqu'à celui où elle s'arrête à l'automne.

Celles qui se font au printemps, en avril, mai et commencement de juin, sont les greffes à œil poussant; celles qui se font en été, de fin juin à septembre, sont les greffes à œil dormant.

Les premières sont ainsi appelées parce que l'œil posé pour les faire pousse dans le courant de l'été, d'ordinaire de 10 à 30 jours après avoir été faites. Les greffes à œil poussant sont peu usitées, parce qu'elles sont peu avantageuses pour les arbres fruitiers, excepté pour les abricotiers; les arbres qui en résultent ne sont pas aussi beaux au moins la première année que ceux que l'on obtient par les greffes à œil dormant. Les pousses sont souvent trop tendres encore, au moment des gelées, surtout pour les pêchers et les poiriers, et sont exposées à périr pendant l'hiver, ou du moins à être fort maltraitées par le froid.

Les greffes à œil dormant se font avec des écussons levés sur des branches de l'année bien aoutés. Elles ne doivent pousser qu'au printemps suivant, et la plupart du temps elles donnent des sujets très vigoureux. Les bourgeons qui servent à les faire peuvent être enlevés avec ou sans bois.

Voici les principales espèces de greffes en écusson employées pour les arbres fruitiers :

I. — La greffe en écusson, en T droit, à œil dormant;

II. — La greffe en écusson, en T droit, à œil poussant;

III. — La greffe en écusson, en ⊥ renversé, à œil dormant;

IV. — La greffe en écusson, en ⊥ renversé, à œil poussant;

V. — La greffe en fente-écusson.

I. — Greffe en Ecusson, en T droit, à œil dormant (1).

Planche XX, fig. 102, 103 et 104.

Manière d'opérer. — **1o Préparation du Sujet.** On choisit sur le sujet une place où l'écorce soit unie, sur une tige ou une branche de l'année ou de deux ans au plus; les tiges ou les branches de l'année sont les meilleures.

On commence par faire une incision transversale avec la lame bien affilée du greffoir de manière à trancher l'écorce sans endommager le bois, on fait ensuite une incision longitudinale, perpendiculaire sur l'incision transversale en forme de T, à queue plus ou moins allongée selon la longueur

---

(1) SYNONYMIE. — Greffe en écusson, à œil dormant, DUHAM, *Phys. des arb.*, II, p. 73 et 75, pl. 12, fig. 105, 106 et 107.

Greffe (Vitry), en écusson, pratiquée avec un gemma qui ne doit développer son bourgeon qu'au printemps suivant. A. THOUIN, *Cours de Cult.*, II, p. 448, pl. 56 N.

de l'écusson. On soulève ensuite l'écorce, avec la spatule du greffoir, le long des deux côtés de l'incision longitudinale, on y introduit l'écusson levé comme il est dit plus bas, et on ligature avec de la laine grossièrement filée ou bien avec des lanières de nattes,de feuilles ou d'enveloppes de maïs, de roseaux, de joncs, etc. (voir le chapitre des ligatures, pages 31 à 33).

Ordinairement on se borne à cela, mais si l'on n'a que peu de greffes à faire, comme il arrive presque toujours aux amateurs, on recouvre toute la greffe, à l'exception de l'œil, de mastic à greffer; c'est un excellent moyen d'en assurer la réussite.

Les meilleurs mastics à greffer sont les mastics liquides ou plutôt pâteux.

Pour les pépiniéristes, comme nous l'avons déjà dit, les cires à employer à chaud sont les meilleures; pour les amateurs, le mastic de *l'Homme-Lefort*, à employer à froid, est sans contredit le meilleur de tous.

2o Préparation de la Greffe.—Lorsqu'on veut faire des greffes en écusson, on prend une branche assez forte de l'année de l'arbre que l'on veut multiplier, en ayant soin de la choisir telle, que les bourgeons y soient bien aoûtés. Après l'avoir coupée le matin ou le soir, parce que les branches coupées par la chaleur du milieu du jour sont moins en sève, on supprime immédiatement les feuilles pour ralentir l'évaporation. On aura soin de bien conserver le pétiole (queue de la feuille), pour protéger les yeux, et donner à l'opérateur la faculté de saisir l'écusson sans l'endommager. On fait, en outre, une incision transversale sur la branche, à un centimètre au-dessus de l'œil que l'on veut écussonner; ensuite, avec la pointe du greffoir, on fait, des deux côtés de l'œil, à partir de l'extrémité de l'incision transversale, des incisions longitudinales obliques qui viennent se rejoindre à deux centimètres au-dessous de l'œil.

Enfin, soit avec la spatule du greffoir, soit avec sa pointe, on soulève l'écorce de tous les côtés, si la branche est bien en sève, presque jusqu'à l'œil dont la racine fixe encore l'écusson à la branche (1).

---

(1) J'appelle *Racine de l'œil ou du bourgeon* le filament de bois qui, partant du bourgeon, est attaché et confondu avec le bois lui-même.

On saisit l'écusson par le pétiole de la feuille, et, avec la pointe du greffoir, on coupe la racine de l'œil, ou bien, d'un coup de pouce, on sépare brusquement l'œil de la branche. Par ce coup brusque, on casse presque toujours la racine de l'œil de manière à ce qu'elle y demeure attachée.

S'il ne reste à l'œil aucune parcelle de sa racine, on dit alors que l'œil est éborgné, et la greffe ne pousse pas au printemps suivant lors même qu'elle sera bien reprise (1).

On peut encore enlever l'écusson en faisant glisser de haut en bas sous l'écorce, sans faire d'incision, ni transversale, ni longitudinale, la lame du greffoir bien affilé, de manière à enlever l'écusson en y laissant attachée une légère couche du bois

---

(1) Lorsqu'on lève ainsi l'écusson en ne laissant pas de bois attaché à la racine du bourgeon, on doit établir comme il suit la synonymie de cette greffe :

Greffe en écusson à œil sans bois, DUHAM, *Phys. des arbr.*, II, p. 73, pl. 12, fig. 107.

Greffe (Pœderlé) en écusson dénué de bois, A. THOUIN, *Cours de Cult.*, II, p. 444, pl. 56, fig. N.

Greffe en écusson dénué de bois, NOISETTE, *la Greffe*, 2e édit, n° 74, p. 109, pl. 1, fig. 3.

le plus tendre, qui forme l'empâtement de l'œil. C'est le moyen à la fois le plus expéditif et le plus sûr, mais il faut un peu d'habitude pour relever légèrement la lame du greffoir lorsqu'elle arrive dans le voisinage du bourgeon, et pour la baisser lorsqu'on l'a un peu dépassé, de manière à ne prendre qu'une couche mince du bois à peine formé autour du bourgeon. Par ce moyen, on est toujours sûr d'avoir la racine du bourgeon essentielle, comme nous l'avons vu, à la pousse qui doit en sortir et constituer la nouvelle tige (1).

3o Soins à donner à la Greffe et au Sujet. — Dès que l'on a posé l'écusson, en le faisant glisser entre l'écorce et le bois du sujet, on doit ligaturer plus ou moins fort, selon qu'il y a plus ou moins de sève,

---

(1) On peut établir comme il suit la SYNONYMIE de cette sorte de greffe :

Greffe en écusson boisé, OLIV. DE SERR., *Théâtre d'Agric.*, II, p. 364.

Greffe en écusson, 1re sorte, CABAN., *Essai sur la Greffe*, p. 30.

Greffe (Lenormand), en écusson, sous l'œil duquel on laisse une légère couche d'aubier. A. THOUIN, *Cours de Cult.*, II, p. 445.

et ne pas faire passer la ligature sur le bourgeon. S'il y en a peu, on ligature plus fort au-dessus de l'œil; s'il y en a beaucoup, on serre davantage en dessous de l'œil afin que la sève se porte avec plus ou moins d'abondance sur le bourgeon pour que la reprise s'opère bien; car, s'il y a trop de sève, l'œil risque d'être asphyxié par trop de nourriture, et s'il y en a trop peu, il risque d'être affamé et atrophié par défaut de la nourriture nécessaire. Si le temps est très chaud et le soleil trop ardent, on fait bien d'abriter un peu la greffe. Dix à trente jours après l'opération, la greffe est bien reprise; alors, si on n'a pas enduit la greffe de mastic à greffer, on desserre un peu la ligature pour que la greffe ne soit pas étranglée. Si on l'a enduite de mastic à greffer, on coupe du côté opposé à l'œil la ligature avec la lame du greffoir. Ainsi, la greffe ne sera point gênée et les ligatures s'écarteront petit à petit, en proportion des besoins occasionnés par le grossissement du sujet.

La greffe n'exige pas d'autres préparations jusqu'au mois de février. A cette époque, par un temps doux, après les fortes gelées, on coupe le sujet au-dessus de la greffe, à quelques centimètres (de cinq à dix), si l'on veut faire servir ce tronçon, sur lequel on enlève tous les yeux, de tuteur pour attacher et redresser la greffe, s'il est utile; l'année suivante, on coupe ce tronçon. Ceci ne doit s'appliquer qu'aux arbres qui sont en pépinière. S'il s'agit de greffes faites sur les arbres du jardin, on doit aussi couper le sujet presque immédiatement au-dessus de la greffe, afin que cette coupure se recouvre et se cicatrise dans l'année, et, dans ce cas, on recouvre soigneusement la plaie avec de la cire ou du mastic à greffer. Au moyen de cette simple précaution, on est à peu près sûr que la cicatrice sera guérie au bout de quelques mois.

Lorsque, en avril ou mai, l'œil de la greffe commence à pousser, il faut avoir soin de supprimer tous les bourgeons du sujet qui commenceraient de se développer et qui ne pourraient le faire qu'aux dépens de la vigueur de la greffe. Cependant, si l'on avait affaire à un sujet trop vigoureux, sur les branches duquel on aurait fait des greffes en ecusson, on laisserait pousser quelques bourgeons du sujet pour modérer un peu l'afflux de la sève vers les greffes.

Lorsque les greffes ont poussé, s'il s'agit de la pépinière, on doit, si le jet prend une mauvaise direction, les maintenir avec un petit tuteur (branche ou piquet fixé en terre et attaché au sujet) auquel on fixe la greffe, à proportion qu'elle se développe, avec des liens mous et flexibles. Les joncs sont très bons et très commodes pour cet objet.

Si l'on a fait des greffes sur des arbres en plein vent, il est bon, lorsque la greffe a poussé de 25 à 35 centimètres, d'en pincer l'extrémité afin de ne pas la laisser exposée aux vents violents qui peuvent la décoller du sujet la première et la seconde année.

Usages. — La greffe en écusson à œil dormant est la plus généralement employée de toutes. On s'en sert pour les pommiers, les poiriers, les coignassiers, les cerisiers, les pruniers, les pêchers, les amandiers, en un mot, pour presque tous les arbres fruitiers.

Epoque convenable pour faire cette greffe. — On la fait depuis la fin de juin jusqu'à la fin de septembre toutes les fois que l'écorce du sujet se sépare facilement du bois.

II. — Greffe en T droit, à œil poussant (1).

Planche XX, fig. 113.

Manière d'opérer. — Cette greffe se fait de la même manière que celle à œil dormant. Seulement, dès que la greffe est reprise (dix ou quinze jours après qu'on a greffé), on coupe la tête du sujet à quelques centimètres au-dessus de la greffe en ayant soin de laisser un bourgeon du sujet pour attirer la sève. On peut même la couper immédiatement, et l'on opère souvent ainsi en ayant soin, comme dans la précédente manière d'opérer, de laisser sur le sujet un ou deux yeux

---

(1) Synonymie.—Greffe en écusson à œil poussant, Duham, *Phys. des arbr.*, II, p. 72.
Greffe en écusson à la pousse, Cab., *Essai sur la greffe,* p. 35.
Greffe (Jouette) en écusson, avec suppression de la tête du sujet pour faire pousser sur le champ le gemma, A. Thouin, *Cours de Cult.*, II, p. 447.

au-dessus de la greffe pour appeler la sève. Dès que la greffe pousse, on les supprime ou bien on les pince pour les supprimer plus tard, aussitôt que la greffe n'a plus besoin de leur secours pour appeler la sève.

On traite ensuite cette greffe absolument comme la greffe à œil dormant.

Usages. — Comme greffe de boutons à bois, elle n'est guère employée que pour l'abricotier et quelquefois pour l'amandier.

Epoque convenable. — La greffe en écusson à œil poussant se fait, ou bien dans le mois d'avril avec des boutons conservés de branches de l'année précédente, qu'on a préalablement enterrés bien enveloppés dans de la mousse, ou bien au mois de mai ou de juin avec des bourgeons pris sur de jeunes branches ; on le peut parfaitement pour les abricotiers. Elle est encore employée utilement pour établir sur les arbres à fruits à pépins des branches fruitières aux diverses places où elles manquent.

III et IV. — Greffe en Ecusson en ⊥ renversé (1).

Planche XX, fig. 105, 106 et 107.

Manière d'opérer.—Pour faire cette greffe, on prépare le sujet comme pour la greffe en T droit. L'écusson est taillé à l'inverse de celui de la greffe en T droit (planche XX, fig. 106); seulement on l'introduit par le bas, ce qui exige un peu plus de temps.

Usages. — Cette greffe est avantageuse lorsqu'on opère par un temps de pluie ou lorsque la sève est trop abondante, surtout sur les arbres sujets à la gomme, comme les pruniers, les ceri-

---

(1) Synonymie.— Greffe en écusson en sens inverse, Cab., *Essai sur la greffe*, p. 31.
Greffe en écusson en sens opposé, Calvel, *Des Arbr. pyr.*, p. 78.
Greffe (Schneewoogt) en écusson, à incision faite en sens inverse de la manière ordinaire. A. Thouin, *Cours de Cult.*, II, p. 449, pl. 56, fig. R, *r*.
Greffe en écusson renversé, Noisette. *La Greffe*, 2e édit., p. 109, pl. I, fig. 5.

siers et les pêchers. On peut l'employer pour tous les arbres pour lesquels on emploie les deux greffes précédentes.

Enfin, on se sert ordinairement de ce mode de greffe pour les orangers qui reprennent parfaitement ainsi.

Epoque convenable. — La même que pour les deux précédentes, selon qu'on la fait à *œil dormant* ou à *œil poussant.* Nous devons ajouter, néanmoins, qu'on ne l'emploie guère qu'à œil dormant quoiqu'on puisse l'employer aussi à œil poussant.

V. — Greffe en Fente-Ecusson.

Voici une greffe imaginée par M. CONSTANT NIVELLET, jardinier à St-Julien-Royancourt, pour greffer facilement des pêchers ou des abricotiers en fente.

Le pêcher et l'abricotier se greffent très bien en écusson sur le prunier, mais ce n'est que dans des cas très rares que les greffes en fente réussissent pour ces arbres.

Voici donc la manière de procéder de M. CONS-

TANT NIVELLET : Dès le mois de juillet ou d'août, sur des tiges vigoureuses de l'année de pruniers, il fait un nombre plus ou moins considérable de greffes en écusson, en ayant soin de les espacer de dix ou quinze centimètres les unes des autres, et alternativement, les unes d'un côté et les autres de l'autre de la tige, et au printemps suivant il greffe en fente ces tiges de pruniers munies d'un écusson bien repris du mois d'août précédent.

Voici, du reste, comment est exposée sa méthode dans le Journal de la Société impériale et centrale d'Horticulture de Paris du mois d'octobre 1858, page 676 :

« Il y a deux ans, je greffais, dans la seconde quinzaine du mois de septembre, de très beaux sauvageons de prunier qui étaient sortis de terre provenant des racines d'un gros prunier. Pendant que je faisais cette opération, il me vint dans l'idée d'en greffer depuis le bas jusqu'au haut afin de m'en servir ensuite pour des greffes en fente que je me proposais de faire au printemps suivant. J'alternai les écussons en les espaçant de cinq centimètres, et, le 15 février suivant, je coupai rez-terre mes brindilles chargées d'écussons pour les conserver, comme les autres greffes, dans le but de greffer en fente en mars et avril. Dans la seconde quinzaine de mars, je posai mes greffes-écussons et je reconnus qu'elles reprenaient parfaitement. Aujourd'hui, quand j'ai des sujets qui ont été écussonnés plusieurs fois et qui n'ont jamais repris, je les greffe en fente avec ce que j'appelle des *Greffes en fente-écusson*. J'applique ainsi cette méthode à l'abricotier.

En procédant comme je viens de le dire, on peut ne poser qu'un seul écusson par greffe, mais on se trouve en général très bien d'en mettre plusieurs. Il ne faut éborgner les yeux naturels qu'en greffant, de sorte que, après l'opération, il ne reste que les les écussons. Au total, voici comment je procède : Je plante en place des sujets de prunier assez forts déjà, et, l'année suivante, je les greffe comme je viens de l'indiquer. Dans beaucoup de localités, le prunier est préférable à l'amandier, comme sujet, pour le pêcher; c'est ce qui a lieu, par exemple, dans les terres fortes, qui sont ordinairement de nature froide. Là, le prunier convient mieux que l'amandier, vu que ses racines s'enfoncent moins dans le sol que celles de ce dernier arbre.

§ II.

Greffes en Flûte ou en Sifflet ou en Anneau (1).

Toutes ces greffes se font par l'application sur un sujet bien en sève d'une portion d'écorce entourant en entier le sujet, et munie d'un ou plusieurs bourgeons.

Comme les greffes en écusson, elles peuvent être à œil poussant ou bien à œil dormant.

---

(1) SYNONYMIE. — Greffes en anneau,
en sifflet,
en flûte,
en châlumeau,
en tuyau,
en cornuchet,
en canon,
en flûteau,
en flageolet, de divers auteurs et dans les diverses contrées de la France

I.—Greffe en Flûte ou en Sifflet ordinaire à œil poussant (1).

Planche XXI, fig. 114, 115, 116 et 117.

Manière d'opérer. — **1o Préparation du sujet.** Pour faire cette greffe qui ne doit s'appliquer ordinairement qu'à des sujets de la grosseur du doigt au plus, on coupe horizontalement (planche XXI, fig. 114 et 115), ou bien en biseau (planche XXI, fig. 116 et 117), la tête du sujet (tige ou branche); on fait ensuite une incision transversale bien nette autour du sujet au point *a* (planche

---

(1) SYNONYMIE. — Greffe en écusson, en sifflet, DUHAM, *Phys. des arbr.*, II, p. 91, pl. 12, fig. 101 à 104.
Greffe (sifflet), en flûte, pratiquée au moyen d'un anneau d'écorce enlevée à un arbre et placé sur autre, en coupant le sommet de la partie greffée, A. THOUIN, *Cours de Cult.*, p. 461, pl. 56, fig. BB, bb.
Greffe en flûte, par juxta-position ou en sifflet, NOISETTE. *La Greffe*, 2e éd., p. 98, pl. 1re, fig. 12.

XXI, fig. 114), de manière à ce que l'espace compris entre le point *a* et le point *b* ait de deux à huit centimètres de longueur au plus. On enlève toute l'écorce incisée entre les points *a* et *b* que l'on a eu le soin d'inciser longitudinalement, comme on peut le voir planche XXI, fig. 114, pour l'enlever avec plus de facilité.

2° Préparation de la greffe.— On ne doit prendre les greffes que sur des branches d'un ou de deux ans au plus et qui soient bien en sève. On coupe nettement le rameau au point immédiatement au-dessus de celui où l'on veut prendre les greffes, ou bien carrément, comme au point *b*, planche XXI, fig. 115, ou bien en biseau comme au point *d*; on fait ensuite une incision nette qui coupe carrément et circulairement l'écorce, comme il est indiqué au point *b*, fig. 118, de manière à laisser au moins un et au plus trois ou quatre bourgeons. Dès que l'incision horizontale est faite, on imprime avec le pouce et l'index de la main droite à l'anneau d'écorce un mouvement de torsion à la fois léger et brusque qui le détache du bois en cassant les racines des bourgeons. On fait ensuite couler cet anneau d'écorce qu'on insère sur le sujet préparé, comme nous l'avons dit plus haut. On doit, pour ces greffes, comme pour celles en écusson, s'assurer que la racine du bourgeon demeure au moins en partie attachée à celui-ci.

On a soin de couvrir l'extrémité *o* (planche XXI, fig. 117) de mastic à greffer, de même que toutes les fentes de l'écorce.

Si le sujet et la greffe sont parfaitement de mêmes dimensions, on n'a pas besoin de faire de ligature.

Si le sujet et la greffe ne sont pas exactement de mêmes dimensions, voici comment on doit agir :

1° Si la greffe est plus grosse que le sujet : (planche XXI, fig. 121 et 122), dans ce cas, on fait sur la greffe deux incisions longitudinales *a b c d* (planche XXI, fig. 121), de manière à ce que l'écorce qui reste doive envelopper exactement le sujet préparé (fig. 122). On enlève la lanière d'écorce placée entre ces deux incisions, on porte sur le sujet l'anneau interrompu (fig. 121) en rapprochant les lèvres de l'écorce *a b c d,* et en les maintenant par une ligature, comme on le voit planche XXI, fig. 123. On doit mettre du mastic à greffer le long de l'incision *i l*, fig. 123.

2° Si le sujet est plus gros que la greffe : après avoir fendu l'écorce de la greffe longitudinalement, comme on le voit planche XXI, fig. 124, 125, 126, 127 et 128, on la lève et on l'applique en l'ouvrant sur le sujet, comme on peut le voir planche XXI, fig. 126; mais comme la greffe était moins grosse que le sujet, il reste un espace *k* sur le sujet (fig. 126), qui n'est point revêtu par la greffe. On prend alors un lambeau d'écorce *j k* de la largeur du vide à remplir (fig. 128). Il doit être muni d'un œil *p* qui facilitera la reprise. On le met à la place vide et on opère la ligature, comme il est indiqué planche XXI, fig. 127. Enfin, on recouvre les joints entre les deux écorces de mastic à greffer.

II. — Greffe en Flûte ou en Sifflet ordinaire à œil dormant (1).

Planche XXI, fig. 120.

Manière d'opérer. — Dans cette greffe, on laisse la tête du sujet, on enlève un anneau d'écorce en faisant deux incisions transversales; on prend un anneau d'écorce correspondant sur la greffe (planche XXI, fig. 120) en faisant toujours une incision longitudinale; on le transporte sur le sujet pour remplir exactement le vide laissé par l'écorce enlevée; on ligature et on enduit tous les joints horizontaux ou transversaux avec du mastic à greffer.

---

(1) SYNONYMIE. — Greffe par anneau d'écorce, DUHAM, *Phys. des arbr.*, II, p. 72.

Greffe (Jefferson) en flûte, sans couper la tête du sujet, à sève descendante et à œil dormant, A. THOUIN, *Cours de Cult.*, II, p. 460, pl. 56, fig. AA, a a.

Greffe en flûte ou anneau, NOISETTE, *La Greffe*, 2e édit., p. 97, pl. I, fig. 11.

Si la greffe est plus grosse que le sujet, ou bien si elle est moins grosse, on fait comme nous avons dit plus haut dans ces deux cas (voir p. 144 et 145).

III.—Greffe en Flûte ou en Anneau avec lanières d'écorce (1).

Planche XXXII, fig. 129 à 134.

Manière d'opérer.—Pour faire cette greffe, on la prépare comme pour les précédentes. Quant au sujet, ou bien on en coupe la tête comme il a été dit,

---

(1) SYNONYMIE.—Greffe en flûte, DUHAM, *Phys. des arbr.*, II, p. 72, pl. 12, fig. 134.
Greffe par juxtà-position, en sifflet ou en flûte, l'abbé ROSIER, *Dict. d'agr.*, vol. V, p. 352, pl. XV bis, fig. 12.
Greffe (de Faunes) en flûte à plusieurs yeux alternes, posés en supprimant la tête des parties greffées et lacérant leurs écorces. A. THOUIN, *Cours de Cult.*, II, p. 463, pl. 56, fig. cc.
Greffe en flûte ou en sifflet avec lanières, HARDY, *Trait. de la taille des arbr. fruit.*, 4e édit., p. 302, fig. 124.

page 142, ou bien on fait une seule incision transversale (planche XXII, fig. 132); au lieu d'enlever l'écorce, on fait cinq, six, sept ou huit incisions longitudinales, on rabat les lanières qui en résultent comme on peut le voir, planche XXII, fig. 133; on place la greffe, on relève les lanières sur elle en ayant soin de ne pas recouvrir les bourgeons, on ligature à la partie supérieure *a*, fig. 131 et 134, et l'on enduit le tout, sauf les bourgeons, de mastic à greffer.

Ces greffes peuvent, comme les greffes en flûte ordinaires, se faire à œil poussant, et, dans ce cas, on coupe la tête du sujet comme on peut le voir, planche XXII, fig. 132, 133 et 134. On peut aussi les faire à œil dormant, et, dans ce cas, on laisse la tête du sujet entière pour ne la couper qu'à la fin de l'hiver suivant, comme on peut le voir, planche XXII, fig. 129, 130 et 131.

Usages. — Les greffes en sifflet, en flûte ou en anneau sont surtout employées pour le mûrier, le noyer, le châtaignier, l'olivier, le grenadier, le figuier et le noisetier.

On réserve d'ordinaire le nom de *Greffes en flûte*

à celles dans lesquelles l'extrémité du sujet est coupée carrément, comme on peut le voir planche XXI, fig. 114, et celui de *greffes en sifflet* à celles dans lesquelles l'extrémité du sujet est taillée en biseau, comme on peut le voir planche XXI, fig. 118 et 119; enfin, le nom de greffes *en anneau* est réservé pour les greffes dans lesquelles on enlève sur le sujet un anneau d'écorce, comme on peut le voir planche XXII, fig. 129.

Epoque convenable pour faire les greffes en flûte, en sifflet ou en anneau. — On peut faire ces greffes pendant tout le temps que les écorces se séparent facilement du bois dans le sujet et dans la greffe; car il est indispensable que l'un et l'autre soient parfaitement en sève, afin que l'écorce du sujet soit bien nettement enlevée, et que l'anneau d'écorce qui doit servir de greffe le soit aussi avec les racines des bourgeons.

Il est inutile d'ajouter que les greffes à œil poussant se font en avril, mai ou juin au plus tard, et les greffes à œil dormant, de mai à septembre, comme les greffes à œil poussant ou les greffes à œil dormant en écusson.

§ III.

Greffe en Placage.

Planche XXII, fig. 135, 136 et 137.

Manière d'opérer. — On enlève sur le sujet une plaque d'écorce et de bois, comme on peut le voir planche XXII, fig. 135 *a;* on prend sur la branche à greffer une plaque d'écorce et de bois correspondant de grandeur et de forme à celle du sujet (fig. 136), munie d'un bon œil; on l'applique sur l'entaille du sujet, on ligature bien, comme l'indique la figure 137, et l'on enduit tous les joints de mastic à greffer.

Usages de la greffe en placage. — Cette greffe est très utile pour couvrir de bourgeons les branches dénudées et sur lesquelles les coursons ont péri ou ne se sont pas développés, comme il arrive souvent, à la partie inférieure des branches. Elle peut être employée pour tous les arbres à fruits à pépins ou à noyaux, mais surtout pour les premiers.

Epoque convenable. — La greffe en placage peut être faite en toute saison, que le sujet soit en sève ou non; on peut donc l'exécuter à toutes les époques où l'on peut faire les greffes par scions et les greffes par bourgeons.

CHAPITRE DIXIÈME.

Greffes Herbacées.

On entend par *greffes herbacées* des greffes dans lesquelles on place un végétal herbacé sur un autre végétal herbacé, comme par exemple une branche de tomate sur une tige de pomme de terre : ou bien la partie herbacée d'un végétal ligneux sur une partie ligneuse d'un arbre, comme par exemple dans la greffe d'un rameau herbacé de pêcher sur une branche du même arbre : ou bien, enfin, un bourgeon encore herbacé d'un arbre sur un bourgeon encore herbacé d'un autre arbre, comme par exemple dans la greffe herbacée des arbres verts (1).

(1) Ceux qui désireront avoir des détails sur ces greffes curieuses, plus qu'utiles jusqu'à présent, excepté pour les arbres

Les seules greffes herbacées qui nous paraissent devoir être utiles dans la culture des arbres fruitiers sont les *greffes par approche herbacée* dont nous avons donné la description, l'utilité et les usages, page 71 ; nous y renvoyons nos lecteurs.

---

verts, pourront consulter le bon ouvrage de M. le baron de Tchudy, sur la *Greffe de l'herbe*, reproduit à la fin de la 2e édition de la *Greffe*, de Louis Noisette.

DEUXIÈME PARTIE.

Greffes de Boutons à fruit.

Les greffes de boutons à fruit sont celles dans lesquelles on greffè, sur un sujet vigoureux, des branches ou des parties de branches munies de boutons à fruit. Ces boutons doivent fleurir au printemps suivant, lorsqu'on fait les greffes à la fin de l'été ou au commencement de l'automne; ou bien ils doivent fleurir et fructifier aussitôt après leur reprise, lorqu'on fait les greffes à la fin de l'hiver ou au commencement du printemps.

CHAPITRE DIXIÈME.

Historique de la Greffe des Boutons à fruit.

Cette sorte de greffe, dont les anciens auteurs n'ont point parlé, mais qui a été indiquée par les auteurs modernes, a surtout été préconisée depuis quelques années et commence à se vulgariser dans la pratique.

Voici, du reste, comment s'exprime, à ce sujet, M. Puvis, l'un des premiers auteurs qui ont mis en lumière la greffe des boutons à fruit :

« Les arboriculteurs (1) avaient proposé de greffer en écusson les boutons à fruit sur des arbres stériles pour en obtenir du fruit; ils ont donné à cette greffe le nom de *Greffe Girardin* sans désigner ni la saison, ni le procédé nécessaire à son succès. Plus anciennement, Cabanis avait proposé de substituer au moment de la sève à un œil à bois un œil à fruit. Cette idée semblait restée dans le vague, et on ignorait généralement la mise à exécution. Les ouvrages spéciaux sur la matière n'en faisaient point mention. Cependant, nous apprenons qu'en 1838 M. Marc, jardinier des environs de Rouen, a exposé des poires provenant de boutons à fruit, greffés l'année précédente, et a reçu une médaille pour ce

(1) Puvis, *De la Taille des Arbres fruitiers et de leur Mise à fruit*, page 168.

sujet. Ce fait ne me semble pas avoir eu de suite, et il est resté inconnu dans la plus grande partie de la France.

» Quoi qu'il en soit, M. Luizet, jardinier à Ecully, près Lyon, praticien instruit et très habile, après des expériences répétées sur les procëdes à suivre et la saison la plus convenable pour pratiquer cette greffe, est arrivé à la rendre plus facile. »

Dans ces dernières années, des applications nombreuses de la greffe des boutons à fruit ont été faites, et aujourd'hui les amateurs et les horticulteurs commencent à la pratiquer en grand pour obtenir plus de fruits et de plus beaux fruits.

L'un des esprits les plus éminents et les plus pratiques dans les sciences, dont la France s'honore, M. Payen, premier vice-président de la Société Impériale et Centrale d'Horticulture, s'est exprimé, à ce sujet, en ces termes dans le remarquable discours qu'il a prononcé à l'assemblée générale tenue au Palais de l'Industrie, pour la distribution des récompenses décernées à la suite de l'exposition du mois de septembre 1858, à à Paris, où le Congrès pomologique de Lyon tenait sa deuxième session :

« ..... Au milieu des applications de la science mises en lumière dans ce concours, permettez-moi, Messieurs, de citer l'un des exemples qui ont le plus frappé l'attention de la pomologie productive :

» Un de nos arboriculteurs physiologistes avait observé, dans des conditions différentes, deux poiriers : l'un chargé de bourgeons fructifères que la faiblesse de sa végétation ne devait pas lui permettre de nourrir convenablement, l'autre emporté par une végétation vigoureuse n'annonçant pas autre chose qu'une production foliacée.

» Notre habile observateur sait bien qu'il n'est pas donné à l'homme de changer les lois divines du développement des êtres; mais il sait aussi qu'il lui est souvent permis de favoriser, en divers sens et à son profit, les évolutions naturelles.

» Ne pourrait-il, utilisant en cette occasion le secours de la greffe, emprunter à l'arbre affaibli des organes fructifères, et les confier à l'arbre vigoureux dont la sève généreuse devrait fournir une abondante nourriture à la greffe nouvelle, et subvenir au développement des péricarpes charnus? De cette idée ingénieuse à la réalisation il n'y avait qu'un pas qui fut bientôt franchi, et dès lors était fondée la méthode devenue usuelle maintenant, et dont les applications utiles étalaient dans votre exposition, aux regards charmés des visiteurs, ces volumineux, beaux et bons fruits au nombre de deux, trois et quatre, sur une seule greffe (1).»

Déjà, depuis quelques années, on avait signalé que les fruits provenant des greffes de boutons à fruit étaient beaucoup plus volumineux que ceux de l'arbre sur lequel on avait pris les lambourdes ou les boutons à greffer.

C'est ce qui résulte de plusieurs communications et présentations de fruits faites au sein des diverses Sociétés d'Horticulture de France et notamment à la Société Impériale et Centrale de Paris.

(1) *Journal de la Société Impériale et Centrale d'Horticulture*, octobre 1858, page 642.

Parmi les greffes de boutons à fruit que j'ai essayées, je puis citer plusieurs greffes de *Zéphirin Grégoire*, qui, faites sur des branches gourmandes, m'ont donné des fruits deux fois plus gros que ceux de l'arbre sur lequel j'avais pris les boutons. Ces fruits étaient, d'ailleurs, de meilleur goût et plus juteux que ceux cueillis sur l'arbre-mère.

Jusqu'à ces dernières années, on n'avait présenté comme praticable, pour les boutons à fruit, que la greffe en écusson; mais les expériences nombreuses faites par un grand nombre d'horticulteurs ne permettent plus aujourd'hui de douter que l'on ne puisse faire, pour les boutons à fruit, presque toutes les espèces de greffes que l'on peut exécuter pour les boutons à bois.

Nous avons nous-même pratiqué presque toutes ces greffes, et nous pouvons dire que le résultat a été entièrement satisfaisant.

C'est donc aujourd'hui une question hors de doute que la greffe des boutons à fruit est appelée à faire une véritable révolution dans l'horticulture fruitière. On peut ajouter que le nombre et la qualité des beaux fruits pourra être considérablement augmenté dès que les procédés indiqués pour les différentes espèces de greffes de boutons à fruit seront généralement répandus.

Il n'est pas, du reste, plus difficile de faire des greffes de boutons à fruit en fente, en couronne, en écusson, en placage, etc., qu'il n'est difficile de faire des greffes de boutons à bois. En outre, ces greffes n'exigent pas, pour l'exécution, plus de temps que ces dernières.

Un opérateur, en effet, si peu expéditif qu'il soit, peut faire de cent à trois cents greffes de boutons à fruit par jour.

Enfin, ces greffes deviennent pour la plupart des propriétaires, magistrats, avocats, professeurs, etc., qui vont passer leurs vacances à la campagne, une des plus agréables distractions. C'est, en effet, à la fin du mois d'août, en septembre et au commencement d'octobre, que ces greffes se font avec un succès presque assuré.

CHAPITRE ONZIÈME.

Avantages des Greffes de boutons à fruit.

Les principaux avantages des greffes de boutons à fruit sont donc :

1° De mettre à fruit des arbres trop jeunes ou trop vigoureux pour en donner immédiatement;

2° D'utiliser les boutons à fruit trop nombreux sur des arbres vieux, qui ne pourraient pas nourrir la quantité des boutons à fruit qu'ils développent, et qui, par suite, s'épuiseraient inutilement à fleurir et à essayer de fructifier;

3° De forcer des sujets trop vigoureux à se mettre à fruit eux-mêmes, en réduisant leur vigueur par l'obligation où on les met d'épuiser une partie de leur substance à nourrir les fruits qu'on met en nourrice sur eux;

4° D'utiliser les branches gourmandes (ou gourmands) qui se développent sur les arbres, ou bien parce qu'on ne peut pas s'occuper assez de ses arbres en été, ou bien parce qu'on les a laissé se développer par mégarde, ou bien, enfin, parce qu'on n'a pas de jardinier qui puisse les surveiller pendant la saison de la pousse;

5° D'obtenir des fruits sur les parties dénudées quoique vigoureuses des branches ou du tronc d'un arbre fruitier;

6° D'obtenir des fruits beaucoup plus gros et plus savoureux que ceux que l'on obtient sans avoir recours à ce procédé.

Cette utilisation si facile des branches gourmandes par la greffe des boutons à fruit les rend aujourd'hui bien moins à redouter pour les arbres fruitiers qu'elles ne l'étaient autrefois. Ces branches, en effet, qui absorbaient la sève d'une manière si nuisible aux autres parties de l'arbre, peuvent être toujours employées pour produire les plus beaux fruits, car il est à remarquer que c'est sur les gourmands que les greffes de boutons à fruit ne manquent à peu près jamais; c'est aussi sur ces branches que l'on est sûr de recueillir les fruits les plus beaux. On le conçoit aisément puisque les branches gourmandes sont les mieux nourries par cela seul qu'elles attirent la sève avec beaucoup de force et l'absorbent au détriment des autres.

En outre, les greffes de boutons à fruit sur les gourmands fournissent le moyen de réparer presque toutes les fautes qui se font à la taille, puisque ces fautes entraînent toujours le défaut d'équilibre entre les diverses branches, et que cet équilibre est à peu près rétabli, l'année suivante, en forçant les gourmands à nourrir un nombre plus ou moins considérable de fruits, selon qu'ils sont plus ou moins forts.

De plus, la greffe de boutons à fruit sur les branches gourmandes est très avantageuse pour ceux qui ne savent pas tailler leurs arbres ou ne veulent pas se donner le soin de le faire. Ils peuvent être certains d'avoir ainsi, sur des arbres non taillés ou mal taillés, presque autant de fruits et des fruits presque aussi beaux que sur des arbres bien taillés.

Enfin, la greffe de boutons à fruit sur les branches gourmandes répare autant que possible, l'année ou les années suivantes, le désordre occasionné par ces branches jusqu'à présent si funestes aux arbres fruitiers.

Observations générales.

C'est surtout pour les arbres à fruits à pépins que l'on emploie les greffes de boutons à fruit. On peut également les employer pour les arbres à fruits à noyaux. Ainsi, nous les avons employées pour le pêcher, et elles nous ont parfaitement réussi. Nous pensons qu'on pourrait aussi les employer très utilement pour l'abricotier et pour les pruniers à gros fruits; car, pour les espèces à petits fruits, ce n'est pas la peine de prendre ce soin.

Nous ajouterons enfin d'une manière générale que l'époque la plus convenable pour faire les greffes dont il s'agit est, ou bien la fin de l'été, ou bien le commencement de l'automne, de la fin d'août au 10 du mois d'octobre, selon que le temps est plus ou moins favorable et selon qu'on opère dans le Nord ou dans le Midi de la France. Nous indiquerons d'ailleurs toujours l'époque la plus avantageuse en traitant de chaque greffe en particulier.

CHAPITRE DOUZIÈME.

Des Boutons à fruit, de leurs formes et des moyens de les connaître à l'avance.

Comme les greffes de boutons à fruit se font le plus souvent à la fin de l'été et au commencement de l'automne, il est indispensable de les connaître à l'avance, afin de ne pas se tromper et de ne pas prendre un bouton à bois pour un bouton à fruit. Nous allons, en conséquence, avant de faire la description des différentes greffes à employer, traiter la question des boutons à fruit, et de la manière de les reconnaître dès le mois d'août, ou de septembre, ce qui est nécessaire afin de pouvoir faire les greffes de ces boutons en temps utile et avec certitude de ne pas se tromper.

Comme les boutons à fruit sont très différents dans les arbres à fruits à pépins et dans les arbres à fruits à noyaux, nous allons les examiner dans les uns et dans les autres.

§ Ier.

Boutons à fruit dans les Arbres à fruits à pépins.

Les boutons à fruit, en général, dans presque tous les arbres fruitiers, se distinguent au premier coup d'œil des boutons en bois en ce qu'ils sont plus arrondis et plus renflés que ces derniers, comme on peut le voir planche XVII, fig. 71, pour les boutons à bois, et planche XXII, fig. 138, et suivantes, pour les boutons à fruit.

Dans les arbres à fruits à pépins, nous ne nous occuperons que du *Poirier* et du *Pommier*, puisque ce sont les deux seules espèces pour lesquelles on emploie les greffes de boutons à fruit.

Dans ces deux sortes d'arbres, les boutons à fruit arrivés au moment de fleurir sont très faciles à reconnaître à leur renflement très considérable comparativement aux boutons à bois qui sont minces, effilés et pointus. Mais comme ces boutons à fruit mettent souvent deux, trois et même quatre ans à prendre tout leur développement, il importe de savoir les reconnaître à l'avance.

Quelques espèces de poiriers donnent très fréquemment des boutons à fruit sur les branches de l'année. On le voit souvent, par exemple, dans les poiriers de *Duchessé d'Angoulême*, et dans un assez grand nombre d'autres espèces où les boutons du tiers supérieur des branches à bois sont souvent des boutons à fruit au lieu d'être des boutons à bois, comme dans la plupart des espèces de poiriers. Ces boutons se reconnaissent facilement à leur grosseur et à leur forme toujours plus arrondie que celle des boutons à bois; ils sont, du reste, placés sur les branches comme ces derniers. Nous les appelons *yeux boutons à fruit.*

Les boutons à fruit ordinaires des poiriers et des pommiers sont portés, dès la première année, sur des branches très courtes (planche XXIII, fig. 143 et suivantes), qui, au lieu de pousser beaucoup à bois, ne donnent qu'une rosette de feuilles et ne produisent, par conséquent, qu'un allongement très peu prononcé de la petite branche. La seconde année, il en est de même. Seulement, le bourgeon terminal grossit et devient obtus au lieu d'être pointu. La petite branche qui le supporte est grosse proportionnellement à sa longueur, et toute couverte de rides provenant de la place qu'ont occupée les queues des feuilles.(Planche XXIII, fig. 143 et suivantes.) Il arrive souvent que ce n'est qu'à la troisième ou quatrième année que ces boutons deviennent obtus et fleurissent.

On trouve aussi assez fréquemment, dans certaines espèces, des boutons à fruit au bout des branches de l'année. (Planche XXII, fig. 140.)

Les boutons à fruit des pommiers sont un peu moins prononcés et plus arrondis que ceux des poiriers; mais avec un peu d'habitude, on les reconnaît facilement dès l'automne.

§ II.

Boutons à fruit dans les Arbres à fruits à noyaux.

Nous n'avons à nous occuper ici que des *pêchers* et des *abricotiers;* encore ne greffe-t-on guère que des boutons à fruit de pêcher.

Boutons à Fruit du Pêcher.

Les boutons à fruit du pêcher se reconnaissent toujours dès le mois d'août et de septembre en ce qu'ils sont plus renflés que les boutons à bois. Ils sont déjà de forme à peu près ronde, tandis que les boutons à bois sont allongés et pointus. Il y a d'ailleurs un moyen bien simple de reconnaître immédiatement un bon bourgeon qui fournira un œil à bois entre deux boutons à fruit, c'est de prendre un bourgeon accompagné de trois feuilles.

Dans le pêcher, en effet, tous les bourgeons qui sont accompagnés de trois feuilles sont, presque toujours, des bourgeons triples dans lesquels il y a un bouton à bois placé entre deux boutons à fruit.

Lorsqu'il n'y a que deux feuilles, il y a d'ordinaire un bouton à bois et un bouton à fruit.

Il y a encore dans le pêcher des boutons à fruit qui n'ont qu'un seul bouton, le bouton à fruit. Ils ne sont accompagnés que d'une seule feuille. Nous conseillons beaucoup de ne jamais se servir de ces boutons pour greffes. On est exposé à les voir périr trop facilement.

Nous devons faire observer ici que pour être sûr de la réussite de ces greffes comme greffes de boutons à fruit, il faut que ces derniers aient déjà presque tout leur développement; en d'autres termes, il faut que les bourgeons soient bien aoutés pour le fruit comme pour le bois. Aussi, est-il bon de ne faire les greffes de boutons à fruit de pêcher que le plus tard possible.

Boutons à fruit de l'Abricotier.

Dans l'abricotier, les boutons à fruit se reconnaissent, comme dans le pêcher, à leur grosseur et à leur forme arrondie. Seulement, les boutons triples ne sont pas d'ordinaire accompagnés de trois feuilles, comme dans le pêcher.

Observation générale. — Les greffes de boutons à fruit du *Pêcher* et de l'*Abricotier* ne se font qu'en *écusson*, et les boutons bons à greffer ne sont jamais que sur les rameaux de l'année. Il est donc très essentiel de prendre ces boutons sur des rameaux vigoureux et bien aoutés. Il faut toujours éviter de prendre comme boutons à fruit les espèces de lambourdes connues dans le pêcher sous le nom de *bouquets de mai* ou *cochonets*, qui reprennent beaucoup plus difficilement que les boutons ordinaires.

DES DIFFÉRENTES ESPÈCES
DE
GREFFES DE BOUTONS A FRUIT.

On peut pratiquer, pour les greffes de boutons à fruit, les mêmes espèces de greffes que pour celles de boutons à bois, à l'exception de la greffe herbacée. Les parties herbacées d'un arbre fruitier de nos climats ne produisent jamais en effet de boutons à fruit.

Nous traiterons en conséquence :

I. — Des greffes de boutons à fruit par approche;
II. — Des greffes de boutons à fruit par branches;
III. — Des greffes de boutons à fruit par bourgeons.

CHAPITRE TREIZIÈME.

I. — Greffes de Boutons à fruit par Approche.

La seule greffe de boutons à fruit par approche dont on puisse se servir est la

Greffe de Boutons à fruit par Approche d'un rameau sur l'arbre auquel il tient.

Planche XXII, fig. 140.

On peut, au moyen de cette greffe, utiliser les boutons à fruit qui se développent souvent à l'extrémité des branches à bois dans les poiriers ou les pommiers, comme on peut le voir dans la figure 140.

Cette greffe doit se faire au mois de septembre, au déclin de la sève, ou bien à la fin de l'hiver avant la reprise de la sève. Elle reprend à peu près sûrement à l'une et à l'autre de ces époques.

Quant à la manière d'opérer, elle est absolument la même que celle des greffes de même genre de boutons à bois (voir page 70); seulement, il ne faut pas, si l'on a fait les greffes à l'automne, couper immédiatement la branche à laquelle tient le bouton à fruit au-dessous de celui-ci; il faut, au contraire, le laisser attaché à la branche à laquelle il tient jusqu'à ce que le fruit ait mûri. Il est bien aussi, comme nous le faisons voir dans la fig. 140, de faire incliner la branche de manière à ce que le bouton à fruit revienne un peu dans la direction de la base de la branche à l'extrémité de laquelle il est placé. Sans cette précaution, ce bouton avorterait comme la plupart des boutons à fruit terminaux qui ne produisent que du bois.

CHAPITRE QUATORZIÈME.

Greffes de Boutons à fruit par branches fruitières.

La différence essentielle qu'il y a entre les greffes de boutons à fruit par branches fruitières et les greffes par scions de boutons à bois, c'est que, dans ces dernières, on emploie presque toujours des scions ou jeunes branches de l'année, tandis que dans les premières on emploie le plus souvent des branches de deux, trois ou quatre ans munies de lambourdes. Nous pouvons du reste assurer, par notre propre expérience, que les branches âgées de plusieurs années, et de dix à quinze millimètres d'épaisseur, reprennent parfaitement et donnent très bien leurs fruits.

On peut d'ailleurs se servir aussi des scions de l'année toutes les fois qu'ils sont munis de boutons à fruit bien aoutés dès l'automne, ainsi qu'on le voit souvent dans les poiriers *duchesse d'Angoulême*, *doyenné d'hiver*, dans plusieurs *beurrés* et *doyennés*, etc., etc., et, enfin, dans un très grand nombre de *pommiers*.

Pour les greffes par branches de boutons à fruit, on peut employer toutes les espèces de greffes dont on se sert pour les boutons à bois, mais nous n'indiquerons ici que celles qui sont les plus avantageuses.

Ce sont :

1° Les greffes en fente;

2° Les greffes en cran;

3° Les greffes en vrille;

4° Les greffes en couronne.

§ Ier.

Des Greffes en fente de Boutons à fruit.

Les greffes en fente de boutons à fruit le plus utilement employées sont :

I. — La greffe en fente ordinaire à une seule branche;
II. — La greffe en fente à tête du sujet taillée en biseau;
III. — La greffe en fente de côté;
IV. — La greffe en fente anglaise.

I. — Greffe en fente ordinaire de Branches à fruit, à une seule branche.

Préparation du sujet et du greffon (1). — Le sujet doit être préparé comme il a été dit pour la greffe des boutons à bois, page 81.

Quant à la préparation du greffon, on choisit, ou bien une extrémité de branche, ou bien une lambourde, munies d'un, de deux ou de trois bou-

---

(1) M. Carrière, dans un excellent article publié dans la *Revue Horticole* du mois de mars 1859, donne le nom de greffon à la partie de branche munie de boutons qui sert pour la greffe. Nous nous empressons d'adopter cette expression parfaitement rationnelle, et nous regrettons que la première partie de notre travail fût déjà imprimée lors de la publication de l'article de M. Carrière.

Cette expression de greffon était déjà usitée depuis longtemps dans le patois gascon où l'on donne ce nom (*gréhoun*) aux branches coupées et que l'on destine aux greffes en fente ou en couronne, et même aux bourgeons isolés pour les greffes en écusson.

tons à fruit au plus, selon la force du sujet; mais comme cette greffe se fait presque toujours sur des branches d'arbres plutôt que sur le tronc, il est mieux, généralement, de ne conserver qu'un seul bouton à fruit. J'ai fait néanmoins plusieurs fois des greffes dans lesquelles j'avais conservé deux et même trois boutons à fruit qui ont parfaitement réussi.

Manière d'opérer. — On coupe la branche bien nettement de 6 à 15 millimètres au-dessus de l'insertion du bouton à fruit ou de la lambourde (planche XXIII, fig. 144), on taille ensuite le greffon en coin des deux côtés, un peu au-dessous de l'insertion de la lambourde ou du bouton à fruit (planche XXII, fig. 138 et 139), on l'insère dans la fente du sujet et on ligature comme pour la greffe des boutons à bois (voir page 81). On doit avoir bien soin de couvrir de mastic à greffer toutes les fentes et les cicatrices du sujet et du greffon.

Epoque convenable. — Ces greffes se font à la fin de l'été ou, en automne, du commencement de septembre à la fin d'octobre, au déclin de la sève.

Observation. — Jusqu'à présent, nos essais de

greffes de boutons à fruit au printemps n'ont pas été heureux; mais les deux années 1858 et 1859 ont eu le printemps si sec, et les hâles ont tellement fatigué les arbres que nous n'osons pas encore en tirer une conséquence rigoureuse, car plusieurs de nos greffes de printemps ont paru avoir d'abord réussi, mais ensuite, les boutons à fruit se sont desséchés et n'ont pas fructifié.

Nous engageons beaucoup tous les horticulteurs à faire encore des essais qui pourront avoir, pour l'horticulture fruitière, des résultats fort avantageux.

On peut faire sur le même arbre un grand nombre de greffes de boutons à fruit. Ainsi, l'on peut en mettre sur presque toutes les branches d'un arbre, comme par exemple sur un poirier en pyramide ou en espalier, ou de toute autre forme.

Usages de cette greffe. — On peut l'employer pour tous les arbres à fruits à pépins.

Jusqu'à présent, mes essais ont peu réussi pour les arbres à fruits à noyaux pour lesquels la greffe en fente réussit d'ordinaire. Ainsi, j'ai échoué sur les pruniers; mais n'est-ce pas à la sécheresse peu ordinaire de ces deux dernières années dans nos contrées que l'on doit attribuer cet insuccès?

Observations générales pour toutes les greffes par branches de boutons à fruit.

Si l'on veut être à peu près certain de la réussite, il faut avoir soin de prendre ses greffons sur des branches un peu fortes et bien aoûtées, car si on les prend sur des brindilles minces et effilées, il arrive souvent qu'elles ne réussissent pas, apparemment parce que le bouton à fruit ne peut pas recevoir assez de nourriture par la brindille trop mince pour lui en apporter suffisamment dès qu'elle est séparée de son pied-mère.

II. — Greffe en Fente de branches à fruit à tête du sujet taillé en biseau.

Planche XXIII, fig. 144.

Manière d'opérer. — Cette greffe se fait absolument comme il a été dit page 84 pour la greffe des boutons à bois.

Seulement, si l'on prend pour greffons des branches à lambourdes, il faut avoir soin de mettre les lambourdes en dehors, comme nous l'indiquons planche XXIII, fig. 144.

Usages. — Cette greffe est très employée pour les poiriers et les pommiers, lorsque les branches à greffer sont plus fortes que les greffes. C'est une de celles qui m'ont le mieux réussi.

Epoque convenable. — La fin de l'été ou le commencement de l'automne, comme pour la précédente. Quant aux greffes de ce genre qu'on pourrait faire à la fin de l'hiver ou au commencement du printemps, voir ce que nous avons dit pour la greffe précédente, page 176.

III. — Greffe de Boutons à fruit en Fente à quatre branches.

C'est une greffe qui se fait absolument comme la même greffe de bourgeons à bois (voir page 88, planche XIV, fig. 43). Seulement, il faut, comme pour la précédente, avoir bien soin de mettre tous les boutons à fruit en dehors, lorsque ce sont des boutons de lambourdes. Nous ne conseillons pas, du reste, d'employer cette greffe. Il vaut bien mieux se servir de la greffe en couronne sur les sujets assez forts pour supporter la greffe à quatre scions, à moins, toutefois, qu'il ne s'agît de greffer un gourmand laissé pendant plusieurs années sur un arbre, et que l'on voulût affaiblir et épuiser le plus possible.

IV. — Greffe de Boutons à fruit en Fente de côté.

Planche XXIII, fig. 145.

Manière d'opérer. — Cette greffe se fait de la même manière que la greffe en fente de côté de boutons à bois (voir p. 92).

Nous ferons observer que pour bien faire cette sorte de greffe, il faut avoir soin de prendre une branche munie d'une lambourde disposée de manière à ce que le bouton à fruit soit en dehors, comme on le voit planche XXIII, fig. 145.

Usages. — La greffe de boutons à fruit en fente de côté est exclusivement réservée aux arbres à fruits à pépins. C'est l'une des plus usitées pour les boutons à fruit. Au moyen de cette greffe, on peut garnir, soit le tronc, soit les branches-mères d'une pyramide, d'un espalier ou d'un cul de lampe, d'un grand nombre de boutons à fruit.

Je répèterai ici ce que j'ai dit à propos de la greffe de côté des boutons à bois, qu'il suffit que les écorces coïncident d'un seul côté.

Mais pour toutes ces greffes de boutons à fruit, nous ne saurions assez recommander l'emploi des cires ou mastics liquides à employer à chaud ou à froid.

Epoque convenable pour faire la greffe en fente de côté.—Le meilleur moment pour la faire, c'est le mois de septembre, ou, dans le Midi, le commencement d'octobre.

V. — Greffe en Fente anglaise de Boutons à fruit.

Planche XXIII, fig. 147.

Manière d'opérer. — Cette greffe se fait absolument comme celle des boutons à bois, soit pour la préparation du sujet, soit pour la préparation du greffon (voir page 95). Il faut seulement éviter, autant que possible, de ne prendre le bouton à fruit qu'avec son pédoncule de lambourde; il faut, en outre, prendre une partie de la branche sur laquelle il est inséré, comme on le voit, par exemple, planche XXIII, fig. 147, parce que l'écorce de cette partie étant plus unie, la reprise devient beaucoup plus facile.

Il est encore très utile, pour la greffe en fente anglaise, comme pour toutes les autres greffes par branches de boutons à fruit, d'avoir soin d'enduire de mastic à greffer la coupure en biseau du sommet du greffon, au-dessus de l'insertion du bouton ou des boutons à fruit, ainsi que toutes les fentes le long du greffon et du sujet. En couvrant bien, en effet, soit la coupure du sommet du greffon, soit les fentes, outre qu'on les préserve des intempéries, on empêche l'évaporation et l'on favorise la reprise de la greffe par tous les points de contact des écorces. On doit, en outre, avoir bien soin de prendre la branche pour le greffon de même grosseur que le sujet lui-même, car il faut s'assurer toute sorte de chances de réussite. Nous ne conseillons pas pour les greffes de boutons à fruit de faire jamais la greffe en fente anglaise avec des sujets plus gros que le greffon.

Cette greffe est l'une de celles que nous recommandons le plus pour la greffe en fente de boutons à fruit. Elle est, le plus souvent, très commode à exécuter, et très avantageuse pour greffer des fruits sur les branches gourmandes, sur lesquelles ils deviennent, comme nous l'avons dit, plus beaux que sur les autres. La greffe en fente anglaise peut presque toujours se faire avec facilité sur un point de ces branches plus ou moins éloigné de l'insertion du gourmand sur le tronc ou les branches qui le supportent. Quand on la fait loin de la base de la branche gourmande, il faut enlever soigneusement vers la fin de l'hiver, avant la pousse, tous les yeux qui se trouvent entre le greffon et la base de la branche, afin d'assurer l'évolution des boutons à fruit du greffon.

On peut aussi se servir de l'une des greffes par enchevêtrement ou par enfourchement indiquées, pour les branches de boutons à bois, pages 96, 97, 98 et 99, et figurées planche XV, fig. 56 et 57, 58 et 59, et planche XVI, fig. 60 et 61, 64 et 65, 66 et 67, comme pour les branches de boutons à bois.

Mais la greffe en fente anglaise, indiquée planche XXIII, fig. 147, est, sans contredit, la plus facile, et celle dont l'exécution est la plus prompte. Aussi la conseillerons-nous par dessus toutes les autres.

Usages.— La greffe en fente anglaise de boutons à fruit est exclusivement réservée aux arbres à fruits à pépins. On s'en sert spécialement pour greffer des fruits sur les branches gourmandes de l'année, ou bien sur d'autres branches stériles des pyramides, des espaliers, ou tous autres arbres jeunes et vigoureux. On peut, si l'on greffe sur des branches un peu fortes, laisser deux et même trois boutons à fruit.

Epoque convenable. — Cette greffe peut se faire à l'automne au déclin de la sève, pendant le mois de septembre et même vers le commencement d'octobre dans le midi.

Observation. — Les greffes en fente anglaise sont celles qui m'ont toujours le mieux réussi de toutes les greffes en fente.

§ II.

Greffes en Cran.

Greffe en Cran de boutons à fruit par entaille triangulaire sur la tête du sujet.

Planche XXIII, fig. 146.

Cette greffe peut se faire, pour les boutons à fruit, comme il a été dit page 101 pour les greffes de boutons à bois; mais, à cause de son peu de solidité, au point d'attache, dans les premiers temps jusqu'à ce qu'elle soit parfaitement reprise, on doit peu la conseiller.

Usages et époque. — Mêmes usages et même époque que pour les greffes précédentes.

§ III.

Greffe en Vrille.

Greffe en Vrille de Boutons à fruit.

Planche XXIV, fig. 150.

Manière d'opérer. — Cette greffe se fait, pour les boutons à fruit, comme nous l'avons dit page 103 pour les boutons à bois. Il faut seulement avoir soin de laisser le greffon presque toujours muni de deux ou trois boutons à fruit parce qu'on n'emploie guère cette greffe que sur des troncs d'arbres assez forts ou sur de grosses branches. Il faut, en outre, couper d'abord le greffon carrément à son extrémité supérieure, de manière à pouvoir le raccourcir plus tard. Ensuite, on frappe sur cette extrémité avec un petit maillet en bois pour l'enfoncer doucement et petit à petit dans le sujet, jusqu'à ce que les écorces du greffon et du sujet coïncident bien exactement à l'entrée du trou percé dans le sujet. On coupe, enfin, le greffon en biseau, un peu au-dessus du dernier bouton à fruit, en enlevant la partie blessée par le maillet, et l'on enduit de mastic à greffer le biseau et le pourtour du point de jonction du greffon et du sujet.

Usages. — Comme nous l'avons dit page 104, la greffe en vrille est spécialement destinée à la vigne. On peut, toutefois, et en particulier pour les greffes de boutons à fruit, la faire sur les arbres à fruits à pépins. Elle peut même reprendre sur les arbres à fruits à noyaux, sur lesquels la greffe en fente réussit bien.

Epoque de la greffe. — Le commencement de l'automne.

§ IV.

Greffes en Couronne.

Les greffes en couronne usitées pour les boutons à fruit sont les mêmes que celles employées pour les boutons à bois. Nous traiterons en conséquence :

I. — De la greffe en couronne ordinaire de boutons à fruit.

II. — De la greffe en couronne ordinaire de boutons à fruit en fendant l'écorce du sujet.

III. — De la greffe en couronne de boutons à fruit à tête du sujet taillée en biseau.

IV. — De la greffe en couronne de côté de boutons à fruit.

I. — Greffe en couronne ordinaire de boutons à fruit.

Planche XIX, fig. 94.

Manière d'opérer. — Pour faire cette greffe, on opère comme pour la greffe de boutons à bois (voir page 111); mais on la pratique rarement pour des boutons à fruit seulement; car on couperait la tête d'un arbre pour n'y placer que quelques boutons à fruit. Il vaut beaucoup mieux l'employer en mettant des greffons de boutons à bois et des greffons de boutons à fruit, comme il a été dit page 112.

Usages. — Cette greffe s'emploie pour les arbres à fruits à pépins exclusivement.

Epoque convenable. — On fait la greffe en couronne ordinaire ou bien à la fin de l'été, ou bien au commencement de l'automne, lorsque la sève est encore suffisamment en mouvement pour que l'écorce se sépare du bois.

II. — Greffe en Couronne de Boutons à fruit en fendant l'écorce du Sujet.

Manière d'opérer. — Cette greffe se fait absolument comme celle des boutons à bois (voir page 114, et planche XIX, fig. 90).

Usages. — Les mêmes que pour la précédente (voir page 115).

Epoque convenable. — La même que pour la précédente (voir page 115).

III. — Greffe en Couronne à tête du sujet taillée en biseau.

Cette greffe se fait absolument de la même manière que la greffe analogue de boutons à bois, (voir page 116, et planche XIX, fig. 91, 92 et 99.)

Usages de la greffe. — Les mêmes que pour la greffe en couronne ordinaire de boutons à bois (voir page 117).

Epoque convenable. — La même que celle de la greffe en couronne ordinaire de boutons à fruit (voir page 117). Seulement on ne l'emploie que pour les petits sujets.

IV. — Greffe en Couronne de côté de Boutons à fruit.

Planche XXIV, fig. 148.

Manière d'opérer. — Cette greffe se fait absolument comme la greffe en couronne de côté de boutons à bois (voir page 118).

Usages de cette greffe. — La greffe en couronne de côté de boutons à fruit doit servir à garnir de boutons à fruit les branches-mères qui n'en ont pas. On peut aussi mettre des lambourdes sur les parties du tronc qui en manquent.

On n'emploie la greffe de boutons à fruit en couronne de côté que pour les arbres à fruits à pépins.

Epoque à laquelle on doit faire cette greffe. — La même époque que celle de la greffe en couronne ordinaire de boutons à fruit, c'est-à-dire la fin de l'été ou le commencement de l'automne lorsque l'écorce se sépare encore du bois.

Observation.—Nous devons ajouter ici que, de toutes les greffes en couronne, la greffe de côté est celle dont on peut retirer le plus de profit parmi les greffes en couronne de boutons à fruit. C'est même la seule communément avantageuse, puisque c'est la seule dont on puisse se servir pour garnir de boutons à fruit les branches-mères d'un arbre.

Il est, en outre, fort bon pour cette sorte de greffe de faire au-dessus du point d'insertion de la branche à fruit une entaille qui enlève l'écorce et un peu de bois pour forcer la sève à refluer vers le greffon, et faciliter ainsi la reprise le plus promptement possible.

CHAPITRE QUINZIÈME.

Greffes par bourgeons de boutons à fruit.

Parmi les greffes par bourgeons il n'y en a qu'une sorte dont on doive se servir, ce sont les

Greffes en Ecusson.

La seule greffe en écusson qui puisse être utilement employée pour les greffes de boutons à fruit c'est la

Greffe en Ecusson de boutons à fruit à Œil boisé.

Planche XXIV, fig. 151.

Manière d'opérer.—Voici comment on fait cette greffe :

On prend un de ces *yeux-boutons à fruit* (1) qui se forment dès les mois d'août et septembre sur certaines espèces de poiriers ou de pommiers,

---

(1) Nous donnons le nom d'*yeux-boutons à fruit* aux boutons qui ne sont point placés sur une lambourde, mais qui sont attachés immédiatement sur le rameau de l'année comme les yeux à bois ordinaires.

comme, par exemple, la *duchesse d'Angoulême*, le *doyenné d'hyver*, le *Zéphirin Grégoire*, etc., etc., les *pommiers de Calville*, et un grand nombre d'autres poiriers et pommiers. On trouve des yeux-boutons à fruit sur presque toutes les branches de l'année des arbres à gros fruits à noyaux, comme les pêchers et les abricotiers.

Pour opérer, on enlève l'écusson boisé avec la lame bien affilée du greffoir en prenant de haut en bas comme pour lever un écusson boisé de boutons à bois, c'est-à-dire en prenant à la fois et l'écorce et la portion du bois qui entoure le bouton et qui forme la base de l'œil-bouton à fruit. On place ensuite l'écusson sur une branche comme un écusson ordinaire à bois, autant que possible sur un gourmand : on ligature assez fortement, et l'on met du mastic à greffer. Il est plus utile d'employer le mastic à greffer pour les greffes en écusson de boutons à fruit que pour celles de boutons à bois, parce que le bois plus épais qu'on est obligé de laisser à l'écusson de boutons à fruit est un obstacle à la facile reprise de cette sorte de greffe.

C'est la greffe très recommandée par M. Luizet et c'est, en effet, l'une des meilleures et peut-être la meilleure de toutes celles que l'on peut pratiquer pour les boutons à fruit.

On peut encore faire la greffe en écusson de boutons à fruit en prenant une vraie lambourde jeune.

On l'enlève avec son empâtement comme nous avons dit pour les yeux-boutons à fruit dans le paragraphe précédent. Mais on est obligé d'enlever encore plus de bois parce que la lambourde est plus largement empâtée que l'œil-bouton à fruit : ce n'est plus alors que la greffe en *couronne de côté* appliquée à une branche de petit diamètre.

Le reste de l'opération se fait comme il a été dit dans le paragraphe précédent.

Ces greffes se font en T droit, car on n'a guère à redouter, à l'époque où on les pratique, la surabondance de sève qui risque quelquefois de noyer les greffes en T droit de boutons à bois, et qui oblige à lui substituer la greffe en ⊥ renversé.

Usage de cette greffe. — On peut l'employer pour tous les arbres à fruits à pépins et pour tous les arbres à fruits à noyaux qui méritent par le volume de leurs fruits d'être greffés de la sorte (1). On peut également la faire pour expérimenter les fruits nouveaux.

Epoque à laquelle on doit la faire. — Le mois d'août et surtout de septembre, lorsque les yeux-boutons à fruit sont parfaitement formés; il faut que le sujet soit bien en sève, afin que la reprise ait le temps de se faire malgré le bois qui demeure attaché à chacune de ces greffes.

CHAPITRE SUPPLÉMENTAIRE

Dans lequel sont examinées plusieurs questions relatives à la greffe qui n'ont pas été traitées dans cet ouvrage.

§ I.

Du Choix du moment le plus favorable pour faire les Greffes.

I. — Du Choix de l'heure.

Est-il indifférent de faire les greffes à toute heure de la journée? ou bien est-il préférable de

(1) Lorsqu'on fait la greffe en écusson de boutons à fruit pour les fruits à noyaux, on peut, pour le pêcher par exemple, la faire à œil non boisé, mais il est plus sûr, même lorsqu'on peut agir ainsi, d'enlever un peu de jeune bois avec l'œil.

les faire le matin, dans le milieu du jour, ou le soir?

On peut d'abord poser en règle générale que les greffes peuvent très bien réussir, quel que soit le moment de la journée que l'on consacre à les faire. Ainsi les pépiniéristes qui ont beaucoup d'arbres à greffer n'ont guère la faculté de choisir le moment; ils font leurs greffes lorsque la saison est arrivée, et que les arbres sont bien en sève pour les greffes en écusson. Mais les amateurs, propriétaires ou horticulteurs qui n'ont qu'un petit nombre d'arbres à greffer, feront bien de choisir de préférence la soirée pour le faire. C'est, en effet, le moment où la sève, activée par la chaleur du jour, est bien en mouvement, et, par conséquent, celui où toutes les greffes qui exigent que l'écorce se détache du sujet auront le plus de chance de réussite. D'un autre côté, la fraîcheur de nuit qui suivra met les greffes à l'abri du danger d'être trop desséchées. Si, au contraire, on les fait le matin ou dans le milieu du jour, elles sont exposées à réussir moins bien, pour la raison que nous avons indiquée plus haut.

II.—De l'état de l'atmosphère le plus convenable pour la facile réussite des greffes.

Si l'on a la faculté de choisir, ce qui n'est pas toujours facile, il faut opérer par un temps couvert et lorsque l'atmosphère est plutôt humide que sèche. Un temps humide et assez chaud, ou du moins pas trop froid, est toujours le meilleur. Ceci doit s'appliquer à toutes sortes de greffes : greffes en fente, greffes en couronne, greffes par bourgeons de toute sorte, greffes de boutons à bois, greffes de boutons à fruit.

Une bonne précaution encore, et qui augmente beaucoup les chances de succès, c'est de choisir, surtout pour les greffes en écusson, soit de boutons à bois, soit de boutons à fruit, les jours qui suivent une pluie douce ou une pluie d'orage qui a mis la sève en mouvement.

III. — De l'état du sujet pour la réussite des greffes en couronne et pour les greffes par bourgeons.

Il arrive souvent, surtout dans la France méridionale, qu'au moment où l'on veut faire des greffes en couronne, et surtout des greffes par bourgeons, le sujet n'est pas suffisamment en sève à cause d'une sécheresse excessive et très prolongée.

Dans ce cas, l'amateur qui ne veut faire qu'un petit nombre de greffes arrose le pied des jeunes arbres qu'il veut greffer. Il est rare qu'après deux ou trois arrosements l'arbre ne soit parfaitement en état d'être greffé. Cette humidité, donnée par les arrosements, suffit pour mettre le sujet en sève.

§ II.

Des précautions à prendre après avoir fait les greffes pour en assurer la reprise et pour prévenir les accidents qui leur arrivent le plus ordinairement lorsqu'elles ont poussé.

I. — Des précautions à prendre contre la sécheresse ou contre l'excès d'humidité.

Il arrive souvent, surtout pour les greffes en fente que l'on fait au printemps ou à l'automne, qu'après l'opération il survient ou des pluies froides et prolongées, ou des hâles qui dessèchent le greffon et le font périr avant la reprise.

Pour prévenir ces fâcheux résultats, il suffit presque toujours de couvrir simplement le greffon ou les greffons, s'il y en a plusieurs sur la même tige ou branche, d'un cornet de papier fort, légèrement attaché pour l'empêcher d'être enlevé par le vent.

S'il s'agissait d'un gros arbre, greffé en fente, sur lequel on aurait mis une poupée, et que la sécheresse se prolongeât trop, il serait bon d'humecter de temps en temps la poupée, et, par conséquent, l'onguent de St-Fiacre qu'elle recouvre.

Quant aux greffes en écusson, en flûte, ou en placage, si le temps était trop sec et le soleil trop ardent, on les abrite avec un peu de papier lâchement attaché autour de la branche.

II. — Des précautions à prendre lorsque les greffes ont poussé pour les empêcher d'être décollées par les vents.

Il arrive souvent que les greffes en fente, faites sur les arbres qui ont déjà une certaine grosseur et une certaine hauteur, sont décollées par les vents violents qui règnent au printemps, surtout dans la France méridionale et occidentale. Le même accident se produit aussi, pour les greffes en couronne ou en écusson, la première année de la pousse. Le moyen le plus simple de prévenir ce désastre, c'est d'attacher solidement au tronc ou à la branche de l'arbre un roseau ou une gaulette de saule, de châtaignier ou de tout autre bois solide et un peu flexible, et d'y attacher avec un jonc la jeune pousse de la greffe à proportion qu'elle s'allonge. Lorsqu'on ne veut pas se donner ce soin, on peut se contenter, si la greffe pousse très vigoureusement, d'en pincer l'extrémité à 30 ou 35 centimètres de longueur.

Dans certaines contrées où les oiseaux de proie sont très communs, il arrive encore qu'ils font décoller les greffes en venant, à l'automne, se poser sur les jeunes pousses. Pour obvier à cet inconvénient, qui se produit fréquemment à ce qu'il paraît en Normandie pour les pommiers, M. Du Breuil conseille de faire, avec une gaulette flexible, un arc dont il relie les extrémités au tronc de l'arbre, et auquel il attache les pousses de la greffe. Les oiseaux viennent alors se reposer sur cette gaulette dont la convexité est tournée vers le ciel, et les jeunes pousses sont à l'abri du poids de ces animaux.

§ III.

Des précautions à prendre pour le transport des greffons loin du lieu où on les a cueillis.

I. — Du transport des greffons à petite distance ou d'un transport qui ne doit durer que peu de jours.

Lorsqu'il s'agit de transporter les greffons à une petite distance, ou lorsque le voyage ne doit durer que peu de jours, voici la précaution qu'il suffit de prendre. Après avoir coupé toutes les feuilles du greffon, en y laissant la queue de chaque feuille, pour les raisons que nous avons données page 129, on pique l'extrémité inférieure de la branche dans une pomme ou dans une pomme de terre, ou bien dans une boule de terre glaise pétrie et un peu humectée. On en fait ensuite un paquet qu'on enveloppe de mousse légèrement humide, on le serre fortement et on l'expédie, soit dans une bourriche, soit dans une caisse ou boîte, soit enfin dans un emballage de paille.

Le destinataire, dès qu'il a reçu le paquet, doit s'empresser de mettre les greffons dans l'eau, s'il doit s'en servir pour des greffes en écusson ou en flûte. Dans le cas où il les destine à faire des greffes par scion ou par branches fruitières, il doit les mettre en terre pour les tenir fraîches, s'il doit les greffer bientôt; ou bien les enterrer en entier, s'il ne doit le faire qu'à une époque éloignée. En un mot, il faut les traiter comme les branches qu'on a coupées et qu'on destine aux greffes par scions. (Voir page 76 et suivantes.)

II. — Du transport des Greffons à grande distance qui peut durer de six jours à deux ou trois mois.

Après avoir disposé les greffons comme nous l'avons dit dans le paragraphe précédent, si le transport devait durer plus d'un mois, on devrait envelopper en entier les branches de terre glaise bien pétrie et humectée. Quelques auteurs recommandables proposent de les plonger dans une boîte en fer blanc remplie de miel. N'ayant jamais essayé de ce moyen, nous l'indiquons sur la foi d'autrui. Il est bon, dans tous les cas, si le voyage doit durer très longtemps, si le paquet devait traverser les mers, de mettre les greffons dans des boîtes en fer blanc, bien soudées de tous les côtés, de les plonger dans une caisse d'eau et de les placer à fond de cale dans le vaisseau.

Le destinataire doit ensuite, au moment de la réception, prendre les précautions que nous avons indiquées pour les transports à petites distances.

CALENDRIER DU GREFFEUR.

Qu'on ne se figure pas que nous veuillions, sous ce titre, indiquer d'une manière absolue les greffes que l'on peut faire à telle ou telle époque précise. Ce serait, selon nous, une absurdité. Qui ne sait, en effet, qu'une greffe que l'on peut faire, en janvier, à Port-Vendres ou à Hyères, ne pourra souvent être faite à Lille ou à Strasbourg qu'en mars ou avril. Qui ne sait encore que, dans telle année où l'hiver est fort doux, on pourra faire, sous le même climat, dans le mois de février, les greffes qu'on ne pourra exécuter, l'année suivante, qu'au mois d'avril.

Les indications qui suivent ne doivent donc être prises que d'une manière générale, et comme pouvant servir à guider le greffeur, pourvu que l'on ait soin d'y apporter les modifications exigées par le climat et la température sous lesquels on opère.

Janvier.

Pendant ce mois, on ne peut faire que des greffes en fente, et ce n'est encore qu'à la condition d'avoir un hiver fort doux et de se trouver dans le Midi de la France. Il y a, du reste, toujours peu d'avantage à greffer à cette époque.

Février.

Le mois de février, surtout la seconde quinzaine, est le meilleur mois pour faire les greffes en fente dans la France méridionale. On peut également, vers la fin de ce mois, commencer à les faire dans le Nord de la France.

Mars.

Le mois de mars est, pour la plus grande partie de la France, le meilleur mois pour faire toutes sortes de greffes en fente. On peut, dans la France méridionale, faire quelques greffes en couronne vers la fin du mois, lorsque la saison est bien favorable.

Avril.

Voici le mois où l'on peut encore, dans les premiers jours, faire des greffes en fente; mais c'est, dans la plus grande partie de la France, la véritable saison pour toutes les greffes en couronne de boutons à bois.

On peut aussi faire des greffes en écusson d'*abricotier* à œil poussant avec des greffons conservés en terre depuis le mois de janvier ou de février.

C'est encore le moment de faire les greffes en flûte à œil poussant.

Mai.

Au commencement de mai, on peut faire encore toutes les greffes indiquées pour la fin du mois d'avril.

Vers la fin du mois, on peut commencer à faire, dans le Midi de la France, des greffes d'*abricotier* en écusson à œil poussant, avec des bourgeons pris sur les jeunes pousses.

On peut également faire les greffes par approche herbacée pour le remplacement des branches coursonnes sur le *pêcher*, sur l'*abricotier* et sur tous les arbres sur lesquels on peut en avoir besoin.

Juin.

On fait en juin toutes les greffes indiquées pour la fin du mois de mai.

Vers la fin de juin, on commence à faire des

greffes en écusson en ⊥ renversé ou en T droit à œil dormant, spécialement pour les arbres à fruits à noyaux et pour les pruniers en particulier, qui perdent la sève plus vite que les autres arbres.

Juillet.

On continue à faire toutes les greffes en écusson pour les arbres à fruits à noyaux.

On fait aussi les greffes par approche herbacée sur les pêchers et sur les autres arbres.

Dans la France méridionale, le mois de juillet est souvent préférable au mois d'août pour la plupart des greffes par bourgeons à œil dormant.

Août.

Voici le mois où l'on fait le plus avantageusement les greffes en écusson à œil dormant en T droit sur les arbres à fruits à noyaux et à fruits à pépins. On peut aussi commencer à faire les greffes en flûte à œil dormant.

Vers la fin du mois, on peut commencer à faire les greffes en couronne de côté de boutons à fruit et les greffes en écusson de boutons à fruit, soit pour les arbres à fruits à noyaux, soit pour les arbres à fruits à pépins.

Pendant le mois d'août, on continue encore la greffe par approche herbacée pour remplacer les branches coursonnes sur tous les arbres, mais spécialement sur les *pêchers*.

Septembre.

C'est la meilleure époque pour faire les greffes de boutons à fruit de toute sorte. Au commencement du mois, on fait les greffes en couronne, en écusson, pour toutes sortes d'arbres à fruits à noyaux ou d'arbres à fruits à pépins.

Dès le commencement de septembre, dans le nord de la France, et dès le milieu du même mois dans la France méridionale, on fait les greffes en fente d'automne de toute sorte, soit pour les boutons à bois, soit pour les boutons à fruit. Les greffes en fente anglaise, en particulier, réussissent admirablement bien à cette époque, soit pour les boutons à bois, soit pour les boutons à fruit.

Octobre.

On continue toutes les greffes, soit de boutons à bois, soit de boutons à fruit, qui n'exigent pas que l'écorce se sépare du bois, comme, par exemple, toutes les greffes en fente de boutons à bois ou de boutons à fruit. Le mois d'octobre est préférable au mois de septembre lorsque le temps est doux; mais si les gelées sont précoces, il vaut mieux avoir fait les greffes au mois de septembre.

Novembre.

Dans les premiers jours du mois de novembre, si l'automne est très belle, on peut encore, dans le Midi de la France, continuer avec quelque chance de succès les greffes en fente, soit de boutons à bois, soit de boutons à fruit; mais il n'est guère prudent de renvoyer à cette époque les greffes que l'on veut faire.

Décembre.

Nous conseillons beaucoup aux horticulteurs de s'abstenir pendant ce mois de faire aucune sorte de greffe. On peut néanmoins réussir quelquefois pour les greffes en fente; mais c'est tellement chanceux qu'on ne doit guère l'essayer.

RÉSUMÉ

Des différentes sortes de Greffes qui conviennent le mieux à chaque espèce d'Arbres fruitiers.

Poiriers et Pommiers.

Pruniers et Cerisiers.

---

(1) et (2) Ces greffes ne sont employées pour ces arbres que lorsqu'ils sont soumis à une forme régulière et taillés soit en espalier, soit en pyramide, etc.

Pêchers et Abricotiers.

Vignes.

Figuier, Noyer, Mûrier, Châtaignier, Noisetier.

DICTIONNAIRE DES TERMES TECHNIQUES

EMPLOYÉS DANS CE VOLUME.

Arbre-mère se dit d'un arbre sur lequel on a pris les greffons pour faire des greffes.

Aoûté. Se dit des yeux ou boutons bien formés et qui peuvent servir pour faire les greffes.

Boutures. Voir p. 53.

Branches coursonnes. Branches fruitières que l'on retaille tous les ans comme les branches de la vigne et du pêcher.

Branche-mère. On donne ce nom à une branche principale d'un arbre, qui, tenant elle-même au tronc, supporte ou bien les branches à fruit, ou bien des branches secondaires auxquelles on donne le nom de branches *sous-mères* et auxquelles sont attachées les branches à fruit.

Branches sous-mères. Voir branches-mères.

Cambum. Voir p. 19.

Coursons. Voyez *branches coursonnes*.

Doucin. Voir p. 56.

Drageons. On donne ce nom aux rejetons qui poussent des racines d'un arbre; ex. les drageons du *prunier*, du *cerisier*, du *pommier*.

Greffe ou Greffon. Branche ou fragment de jeune branche ou d'écorce, munie d'un ou plusieurs bourgeons destinés à faire des greffes.

Œil. On donne ce nom aux jeunes bourgeons ou boutons placés à l'aiscelle des feuilles et qui ne sont pas encore entièrement développées.

Grêle. Se dit d'une branche mince et effilée.

Lambourde. Branche courte et ridée d'un arbre à fruit à pépins sur laquelle sont attachés un ou plusieurs boutons à fruit.

Paradis. Voir p. 56

Pédoncule. On donne ce nom à la queue d'une fleur ou d'un fruit.

Pétiole. On donne ce nom à la queue d'une feuille.

Pincer. C'est couper avec l'ongle entre le pouce et l'index l'extrémité encore herbacée d'une jeune branche ou bourgeon développé.

Plantoir. Voir p. 55.

Pommier franc. Voir p. 56.

Poupée. Voir p. 34.

Pourrette. Voir p. 53.

Racine de l'œil. On donne ce nom à l'empâtement formé des fibres qui partent de l'œil lui-même et adhèrent au bois, ou bien, du simple filet qui, au moment où l'arbre est bien en sève, adhère à la fois au bois et au centre de l'œil ou bourgeon.

Radiculaire. Qui tient aux racines, ou qui ressemble aux racines.

Raser. Se dit de l'opération par laquelle, après avoir scié un arbre ou une branche, on enlève avec une serpette ou tout autre instrument tranchant les bavures laissées par le passage de la scie.

Reprise. On dit qu'une greffe est reprise lorsqu'elle est adhérente au sujet de manière à faire corps avec lui.

Scion. Voir p. 72.

Spatule. Voir p. 28.

Sujet. Voir p. 12.

Terreau, mélange de débris de substances végétales, ou bien végétales ou animales, qu'on a laissées longtemps pourrir ensemble et qui finissent par former une terre légère et très nutritive pour les plantes.

Yeux-boutons à fruit. Voir p. 192.

BIBLIOTHÈQUE IMPÉRIALE IMPR

TABLE DES MATIÈRES.

DEUXIÈME PARTIE.

FIN. BIBLIOTHÈQUE IMPÉRIALE IMPR.

EXPLICATION

De la Planche I.

Explication

DES FIGURES DE LA PLANCHE I.

Plan d'un carreau de jardin transformé en pépinière. (Voir page 46.)

PL. I.

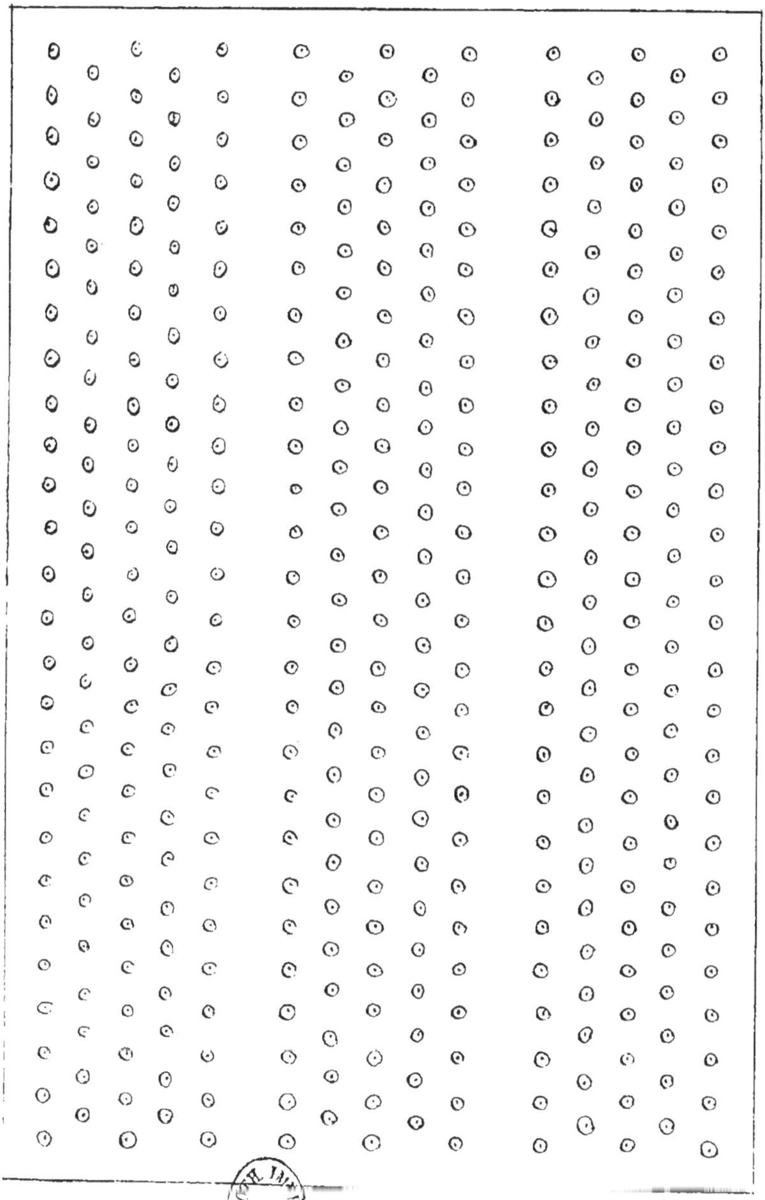

BIBLIOTH. IMPÉRIALE IMPR.

EXPLICATION

De la Planche II.

Explication

DES FIGURES DE LA PLANCHE II.

Autre plan d'un carreau de jardin transformé en pépinière, avec un plus grand nombre d'allées que dans le plan précédent. (Voir pages 46 et 47.)

PL. II.

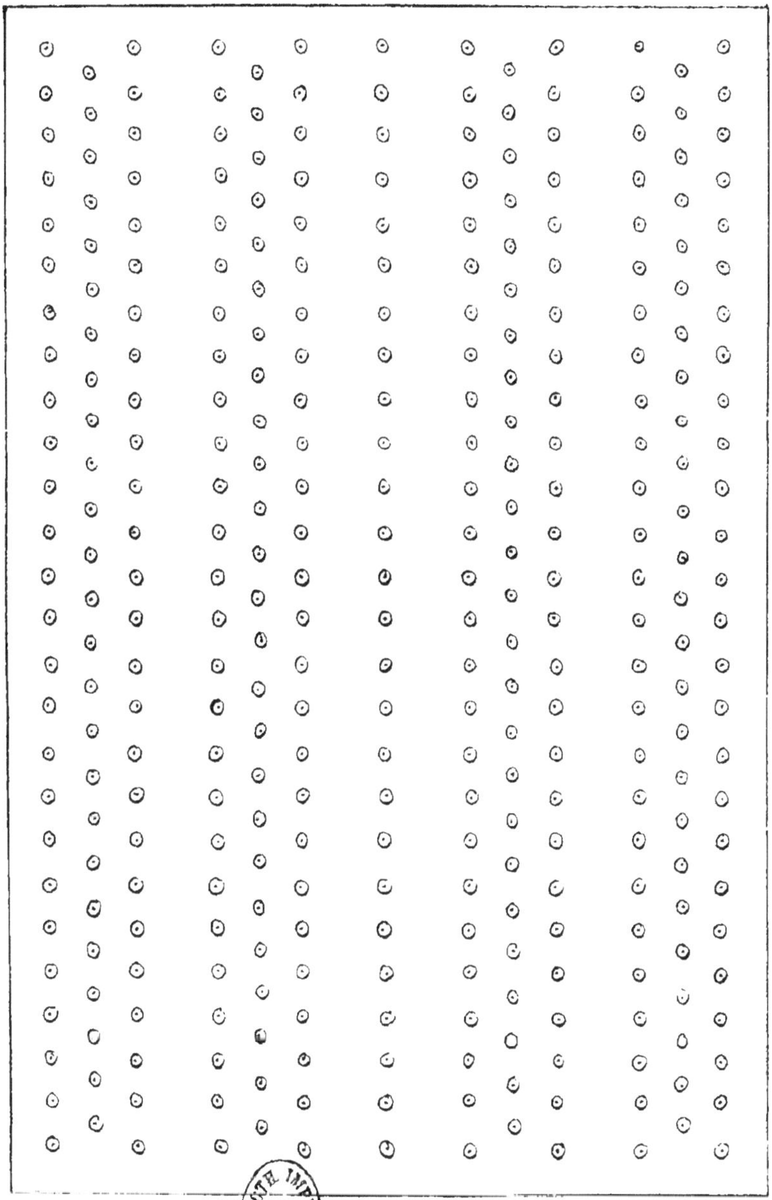

BIBLIOTH. IMPERIALE
IMPR.

EXPLICATION

De la Planche III.

Explication

DES FIGURES DE LA PLANCHE III.

Plan d'un carreau de jardin transformé en pépinière dans laquelle on a enlevé un grand nombre (les trois quarts) d'arbres, à l'automne qui a suivi la première pousse, afin que ceux qui restent prennent plus de développement à la seconde année. (Voir pages 47 et 48.)

PL. III.

BIBLIOTH. IMPÉRIALE IMPR.

EXPLICATION

De la Planche IV.

Explication

DES FIGURES DE LA PLANCHE IV.

Plan d'un carreau de jardin transformé en pépinière, et qui, par l'arrachage de la plupart des arbres, est devenu un carreau exclusivement fruitier.

Les arbres désignés par un zéro croisé sur quatre côtés sont en pyramide ou en fuseau.

Les arbres désignés par deux zéros concentriques sont en cul de lampe.

Les arbres désignés par un zéro avec un point au milieu sont en contre-espalier.

PL. IV.

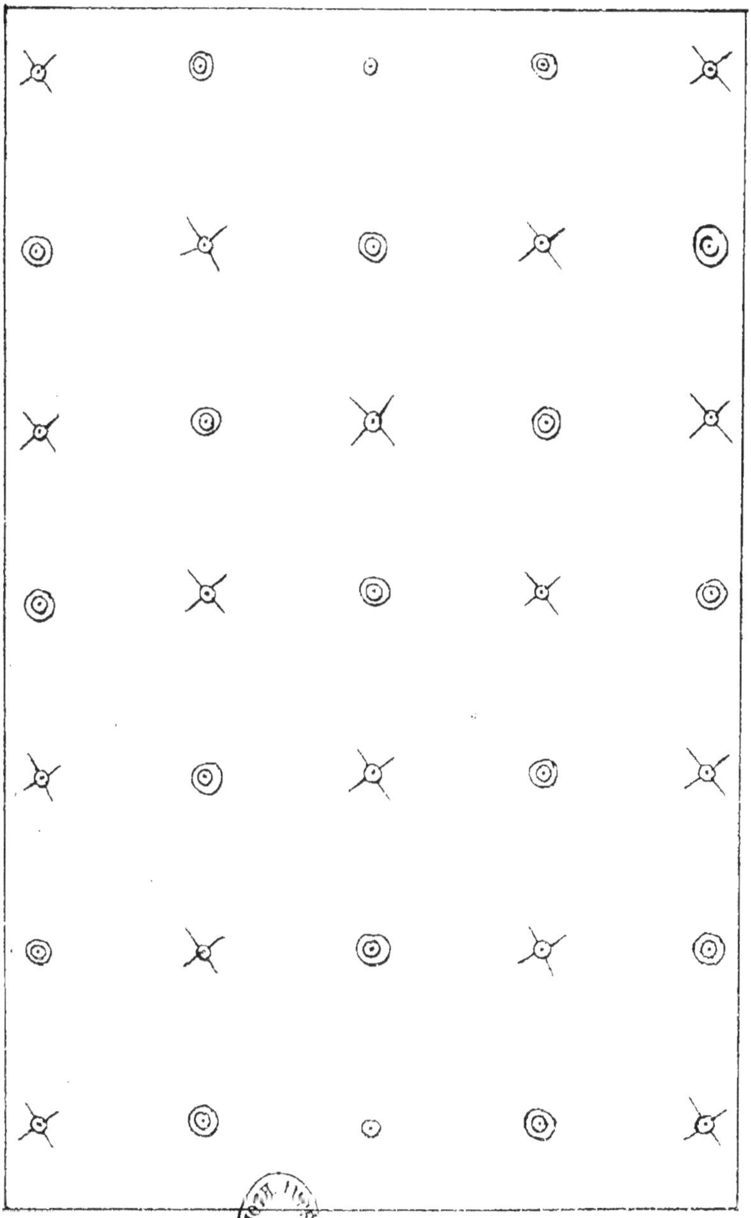

BIBLIOTH. IMPÉRIALE IMPR.

EXPLICATION

De la Planche V.

Explication

DES FIGURES DE LA PLANCHE V.

Fig. 5. — *Greffoir à spatule à coulisse,* ouvert, pour montrer l'instrument tout entier de grandeur naturelle.

Fig. 6. — *Le même,* fermé, pour montrer l'instrument, la spatule rentrée.

Fig. 7. — *Le même,* à demi ouvert, pour faire voir le jeu de la sortie de la spatule en dehors du manche. (Voir, pour ce greffoir, la page 28.)

Fig. 8. — *Coin en bois dur,* percé d'un trou, dans lequel on fait passer une corde pour tenir entr'ouverte la fente du sujet dans les greffes en fente. (Voir page 30.)

PL. V.

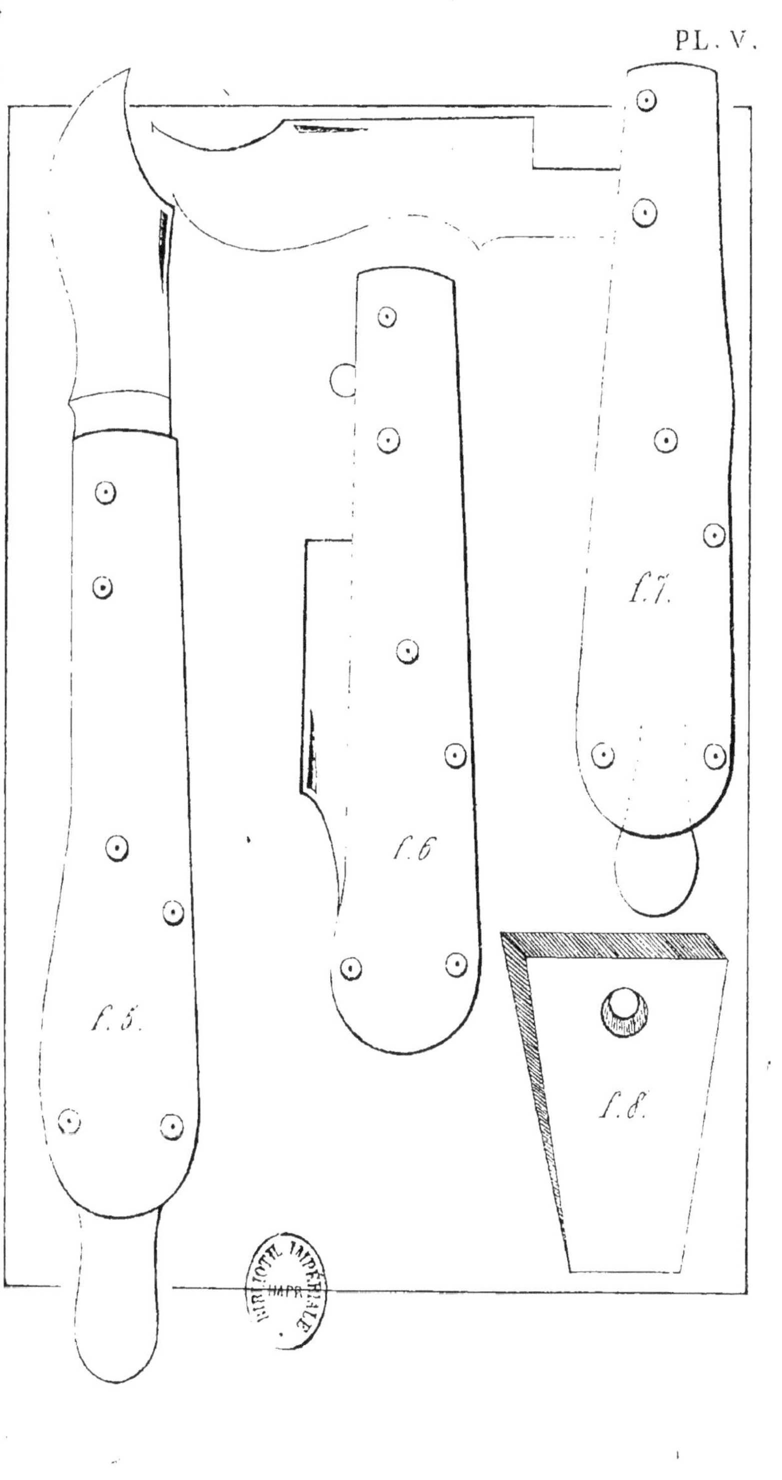

BIBLIOTH. IMPÉRIALE

EXPLICATION

De la Planche VI.

Explication

DES FIGURES DE LA PLANCHE VI.

Fig. 9.— *Greffoir,* autre modèle à spatule fixe, ou bien se fermant ainsi que la lame du greffoir comme un couteau ordinaire (page 29), de grandeur naturelle.

Fig. 10. — *Greffoir à coulisse* à spatule fixe (page 29), de grandeur naturelle.

Fig. 11. — Autre modèle de greffoir à spatule courte et à lame bien renversée (page 29), de grandeur naturelle.

PL. VI.

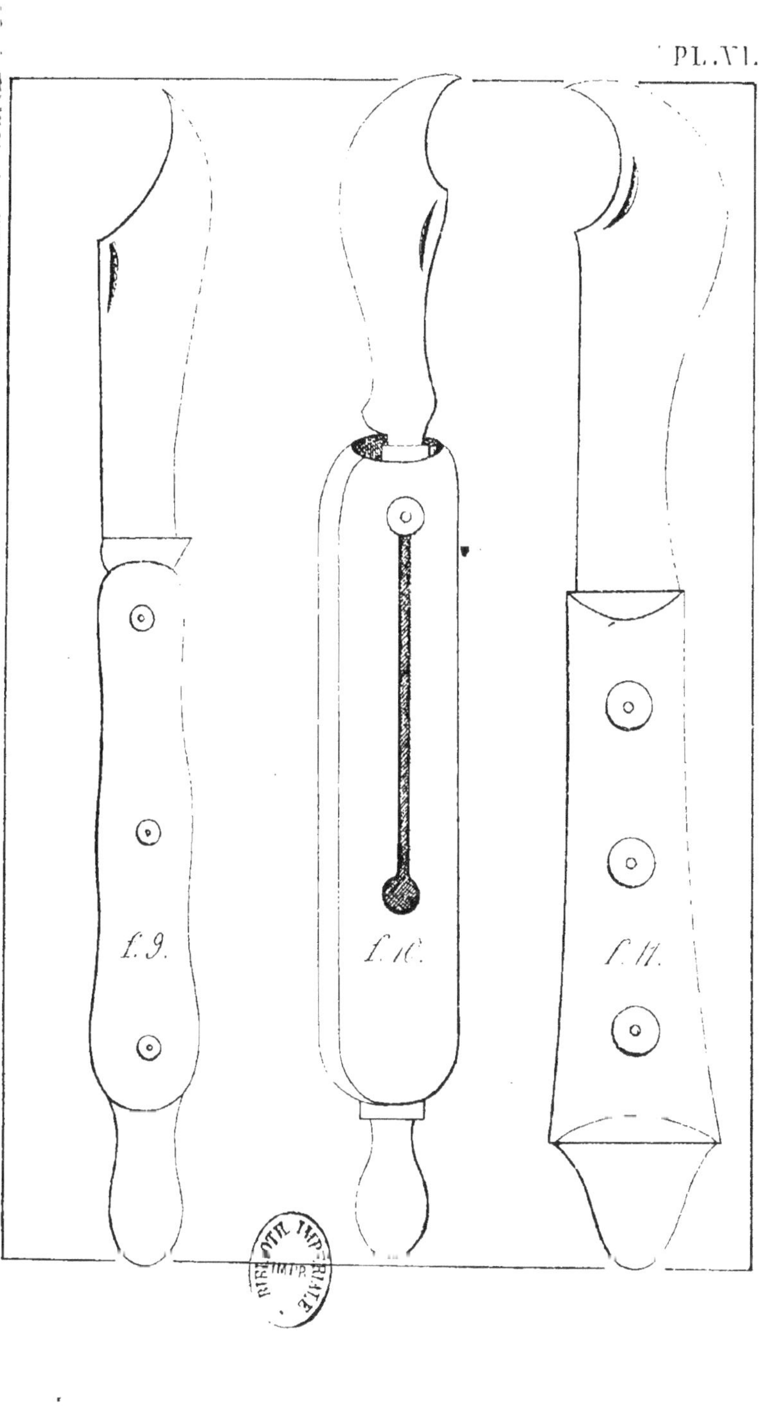

BIBLIOTH. IMPÉRIALE IMPR.

EXPLICATION

De la Planche VII.

Explication

DES FIGURES DE LA PLANCHE VII.

Fig. 12.— Modèle de la *Petite Serpette* de M. Arnheiter (1), vue de côté et ouverte (instrument excellent), de grandeur naturelle.

Fig. 13.— *La même,* vue par le dos.

Fig. 14.— *Greffoir à greffer en fente*, réduit au tiers de la grandeur naturelle.

a Lame tranchante.

b Coin pour maintenir les fentes du sujet ouvertes.

c Manche en bois de l'instrument.

d d d Dos carré de l'instrument sur lequel on frappe avec un maillet. (Page 30.)

---

(1) Paris, place St-Germain des Prés, nº 9.

PL. VII.

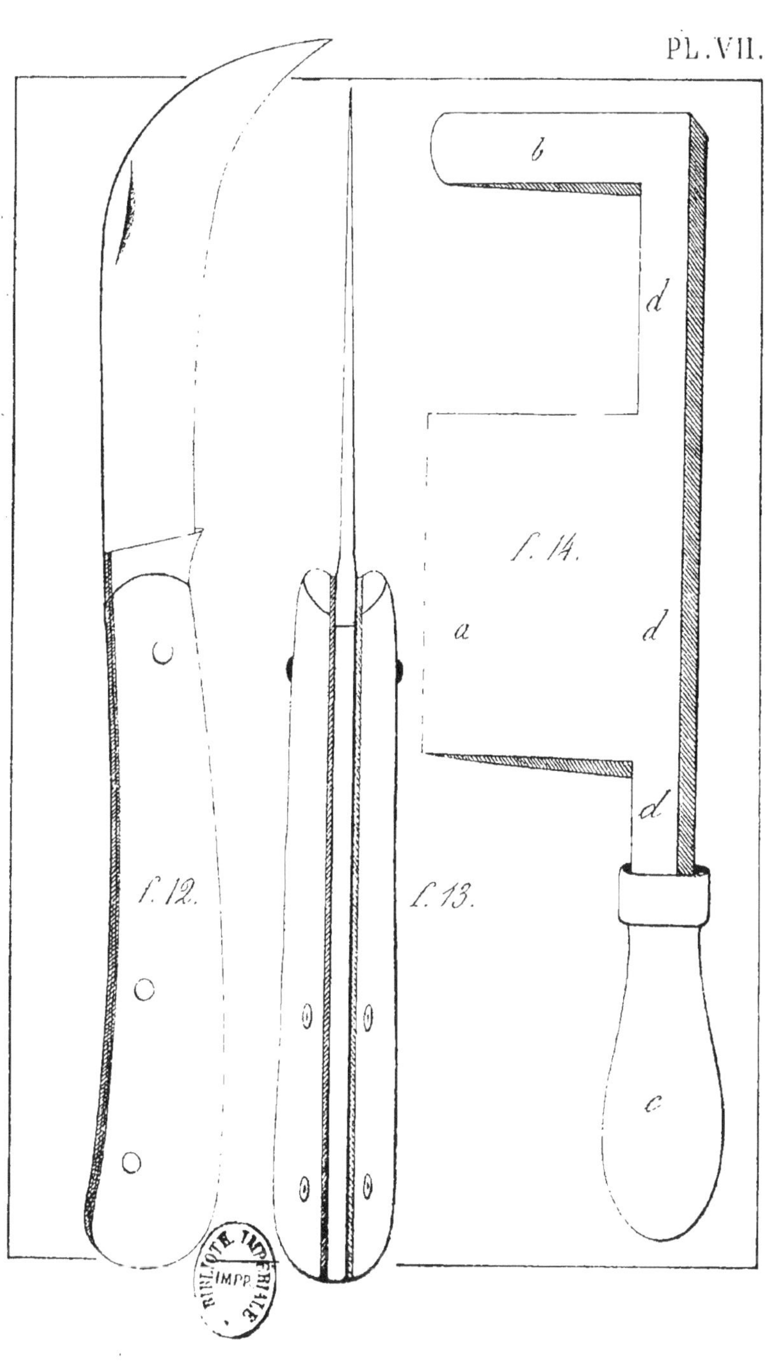

BIBLIOTH. IMPÉRIALE IMPR.

EXPLICATION

De la Planche VIII.

Explication

DES FIGURES DE LA PLANCHE VIII.

Fig. 15. — Modèle de serpette dite *Serpette anglaise*, réduite aux deux tiers de la grandeur naturelle.

Fig. 16. — Fragment de scie à double dent. (Page 31.)

Fig. 17. — Fragment de scie à dents simples et écartées. (Page 31.)

Fig. 18. — Scie à main réduite au quart de la grandeur naturelle. (Page 31.)

PL.VIII.

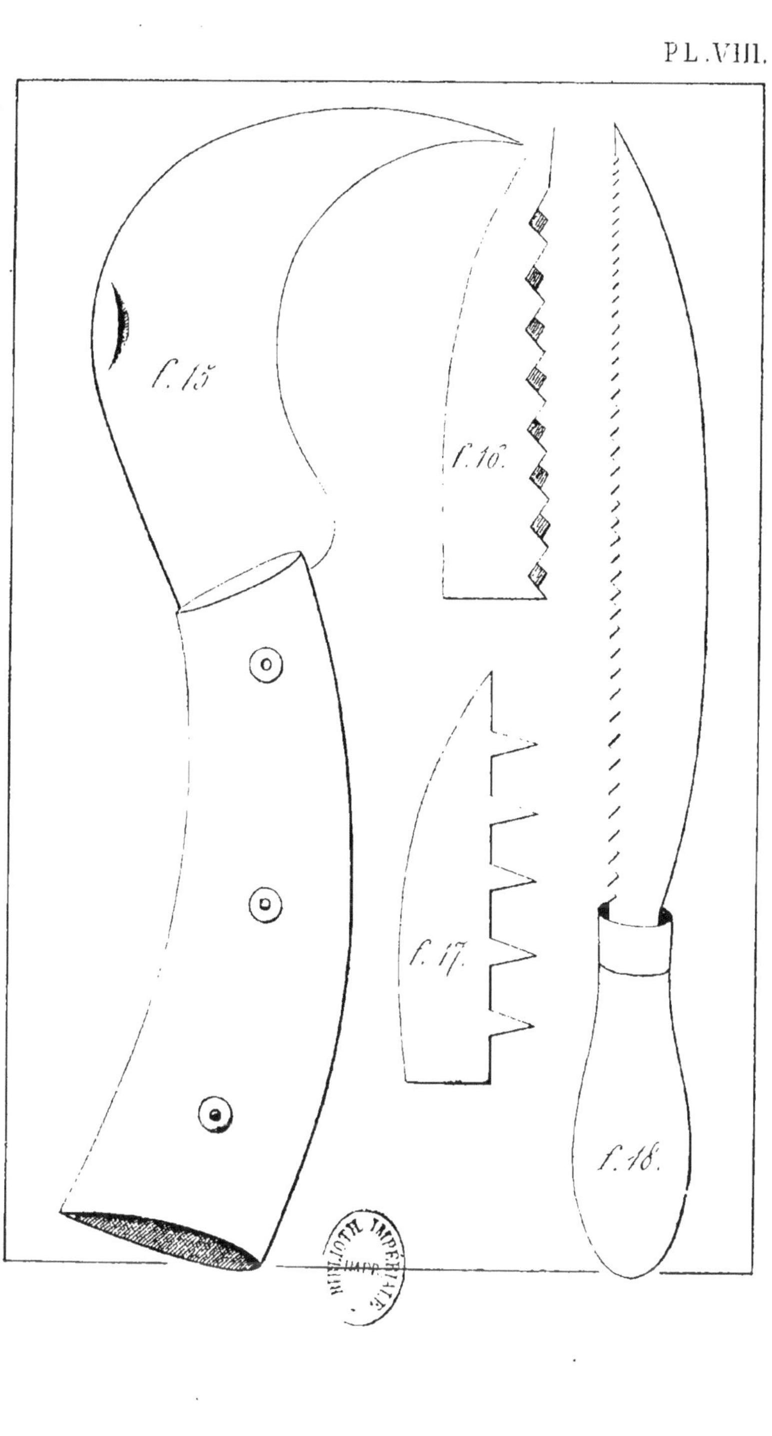

BIBLIOTH. IMPÉRIALE IMPR.

EXPLICATION

De la Planche IX.

Explication

Des Figures de la Planche IX.

Fig. 19.— Fourneau portatif pour le mastic à greffer à chaud, supposé coupé verticalement, réduit au quart de la grandeur naturelle.

a Lampe à esprit de vin pour entretenir la chaleur.

b Mastic liquéfié.

c Pinceau pour prendre le mastic et l'étendre sur les greffes.

d Anse pour porter l'instrument.

Fig. 20.— Le même instrument vu en dehors. (Page 35.)

Fig. 21.— Vue d'un arbre greffé, quelques mois après la pousse de la greffe, pour faire voir comment les fibres du bas de la greffe entourent le bois du sujet et s'unissent avec lui. (Page 19.)

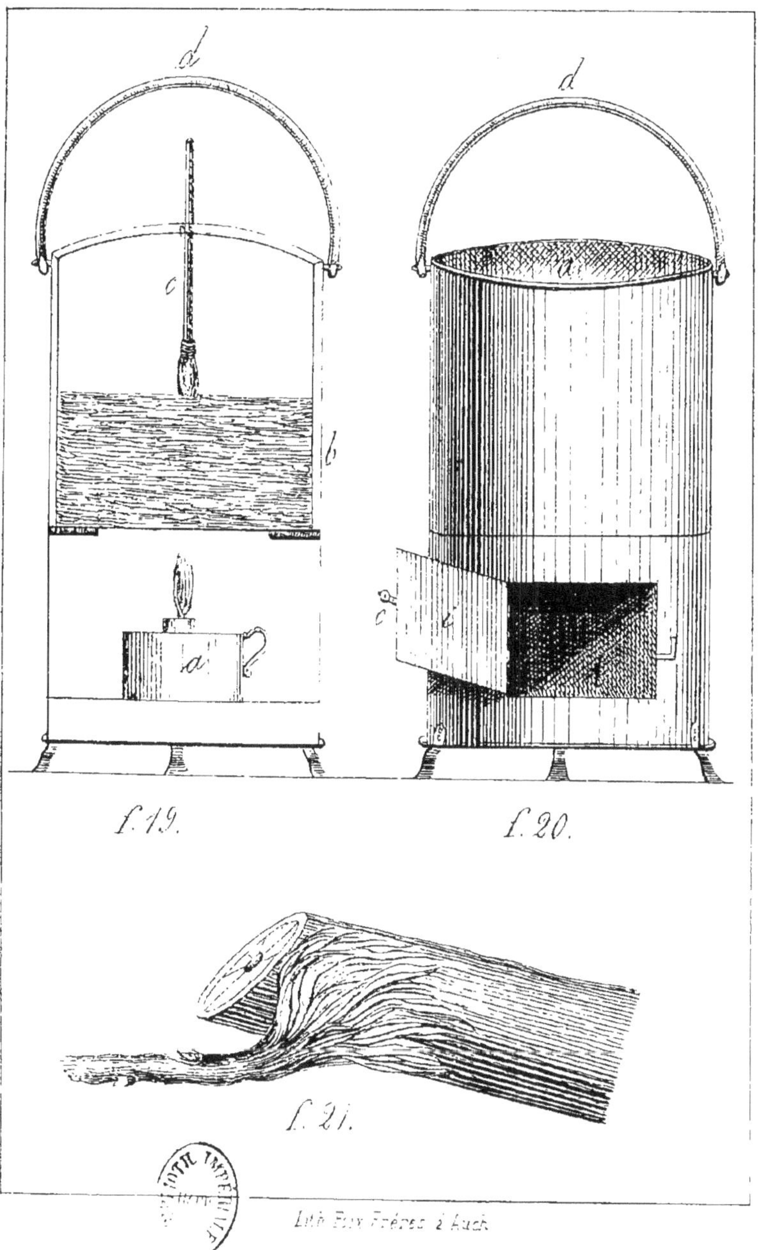

f. 19.

f. 20.

f. 21.

BIBLIOTH. IMPÉRIALE

Lith. Fox Frères à Auch

EXPLICATION

De la Planche X.

Explication

Des Figures de la Planche X.

Fig. 22.— Greffe en fente enveloppée d'une poupée.

Fig. 23.— Greffe *par approche ordinaire* entre deux arbres. (Page 65.)

Fig. 24.— Cordons en V ouvert de poiriers formant haie, par la greffe à tous les points de jonction marqués d'un trait. (Page 67.)

Fig. 24.— Cordon double de pommiers greffés à tous les points marqués d'un trait. (Page 67.)

PL. X.

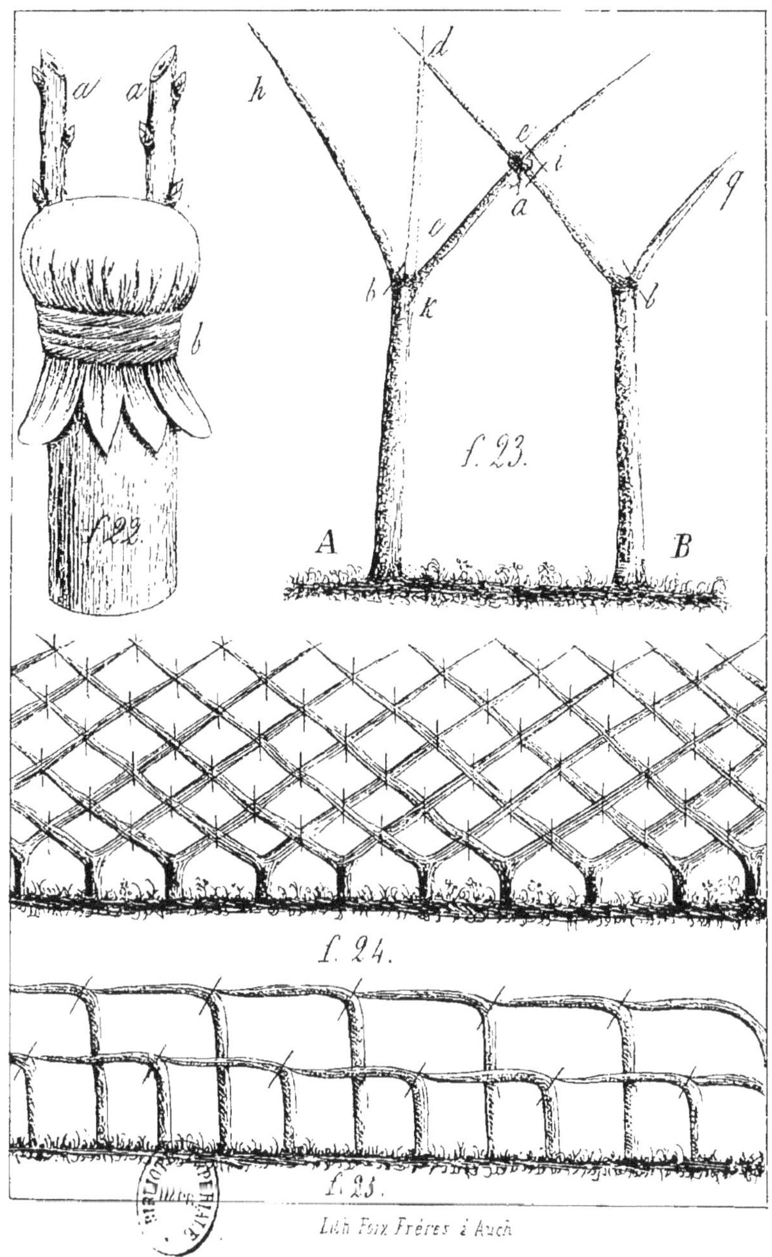

Lith. Foix Frères à Auch

BIBLIOTHÈQUE IMPÉRIALE

EXPLICATION

De la Planche XI.

Explication

DES FIGURES DE LA PLANCHE XI.

Fig. 27.— Greffe *par approche pour soutiens alimenteurs* greffés aux points *b b*. (Page 69.)

Fig. 28.— Greffe *par approche d'un rameau sur l'arbre auquel il tient* aux points *c*. (Page 70.)

Fig. 29 et 30.— Greffe *par approche ordinaire avec entailles correspondantes sur le sujet et la greffe*. (Page 67.)

PL. XI.

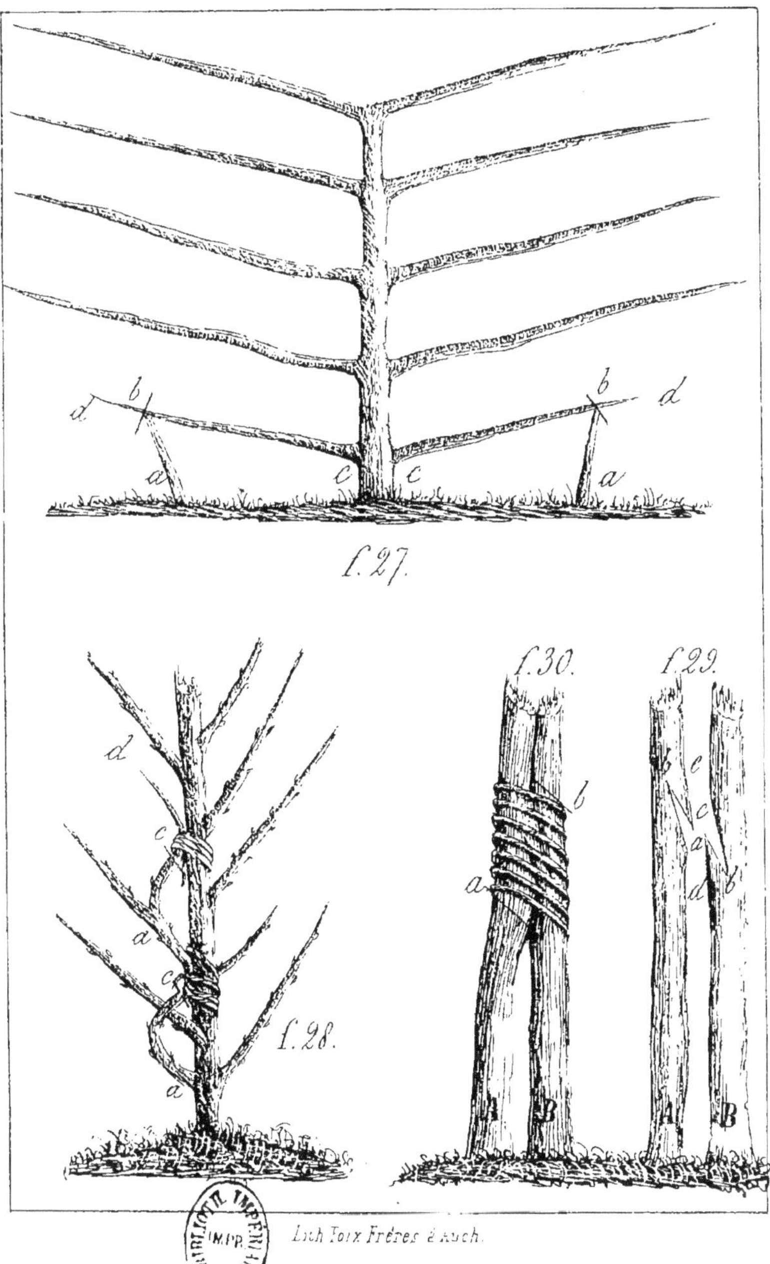

Lith. Foix Frères à Auch.

BIBLIOTH. IMPÉRIALE
IMPR.

EXPLICATION

De la Planche XII.

Explication

Des Figures de la Planche XII.

Fig. 31 et 32. — Greffe *par approche ordinaire* d'un noyer en pot. (Page 66.)

Fig. 33. — Entailles de l'écorce d'une branche pour la greffe *par approche herbacée* (Page 71.)

Fig. 34. — Greffe *par approche herbacée* (Page 71.)

Fig. 35. — Greffes successives sur la même branche *par approche herbacée* (Page 72.)

PL. XII.

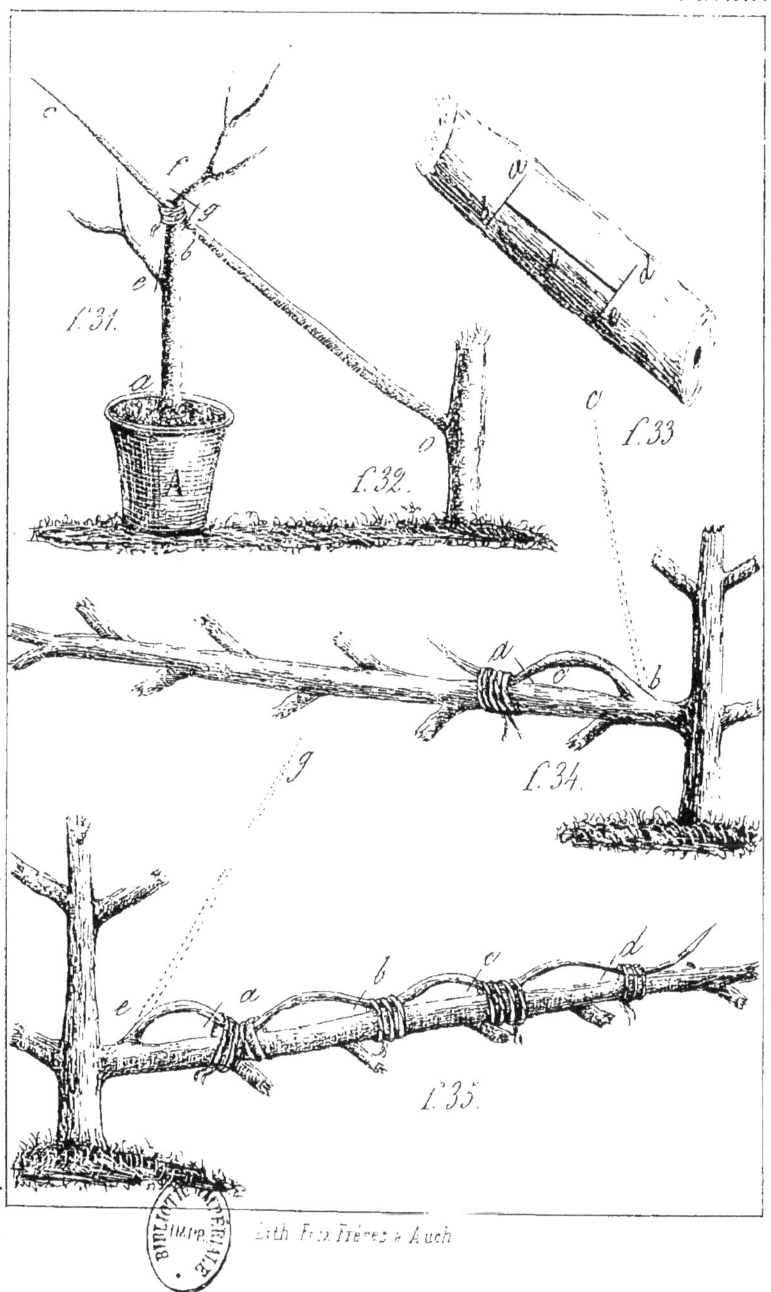

Lith. Foix Frères à Auch

BIBLIOTHÈQUE IMPÉRIALE IMP.

EXPLICATION

De la Planche XIII.

Explication

DES FIGURES DE LA PLANCHE XIII.

Fig. 36, 37 et 38. — Greffe en *fente à un seul scion.* (1) (Page 84.)

Fig. 39.— Greffe en *fente à un seul scion, à tête du sujet taillé en biseau.* (Page 84.)

Fig. 40.— Greffe en *fente à deux scions.* (Page 86.)

Fig. 41.— Scion ou jeune branche taillée en coin, du bas, pour être introduite dans la fente du sujet. (Page 84.)

Fig. 42.— Scion ou jeune branche taillée en coin du bas avec un arrêt de chaque côté au haut de la partie qui doit être introduite dans la fente du sujet.

---

(1) La figure 37 est mal faite, les points devraient être en ligne droite et ne pas ressortir en angle en dehors pour faire voir la direction du bas du scion.

PL. XIII.

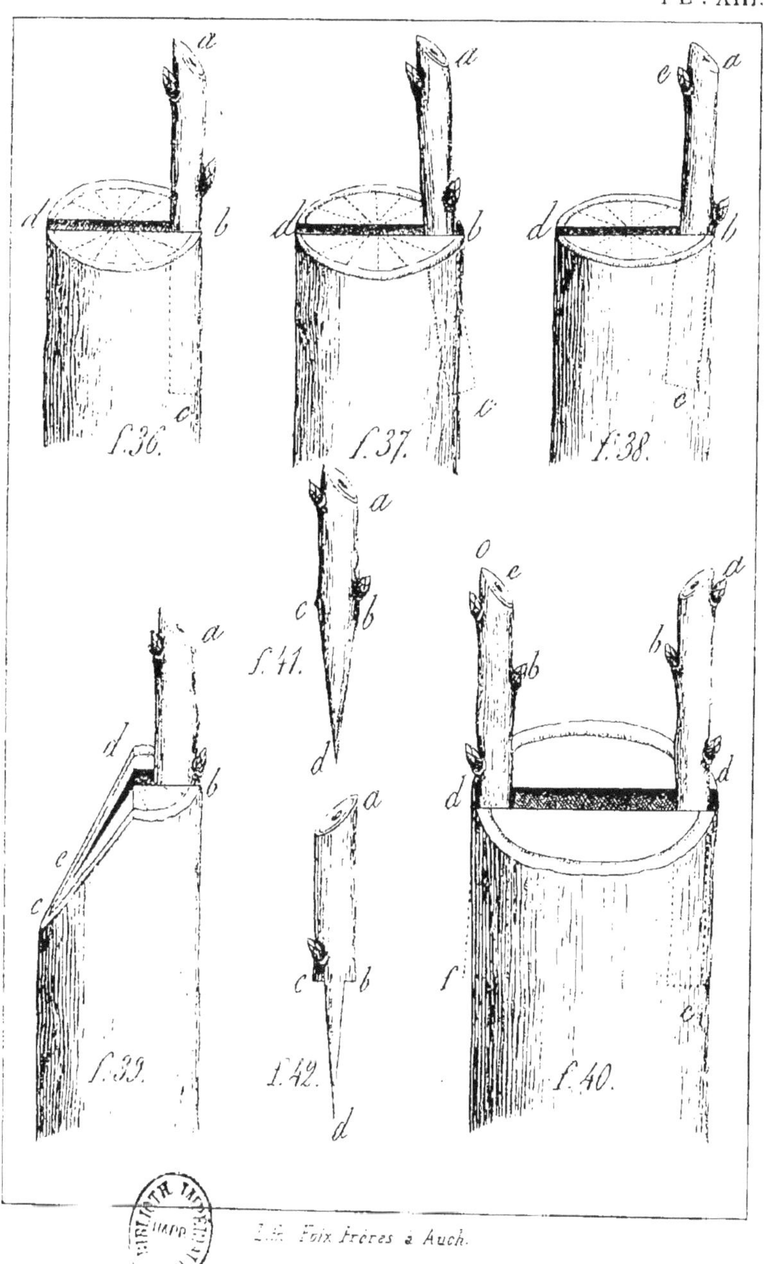

Lith. Foix frères à Auch.

BIBLIOTH. IMPÉRIALE

EXPLICATION

De la Planche XIV.

Explication

DES FIGURES DE LA PLANCHE XIV.

Fig. 43.— Greffe en *fente à quatre scions* (Page 88.)

Fig. 44.— Sujet préparé pour la greffe en fente de côté. (Page 92.)

Fig. 45.— Scion arqué préparé pour la greffe en *fente de côté.* (Page 93.)

Fig. 46.— Sujet préparé pour la greffe en *fente anglaise.* (Page 95.)

Fig. 47.— Scion préparé pour la greffe en *fente anglaise.* (Page 95.)

Fig. 48.— Greffe en *fente anglaise* exécutée. (Page 95.)

Fig. 49.— Sujet préparé pour la greffe par *juxta-position.* (Page 97.)

Fig. 50.— Scion préparé pour la greffe par *juxta-position.* (Page 97.)

Fig. 51.— Greffe en *fente de côté* exécutée. (Page 93.)

PL. XIV.

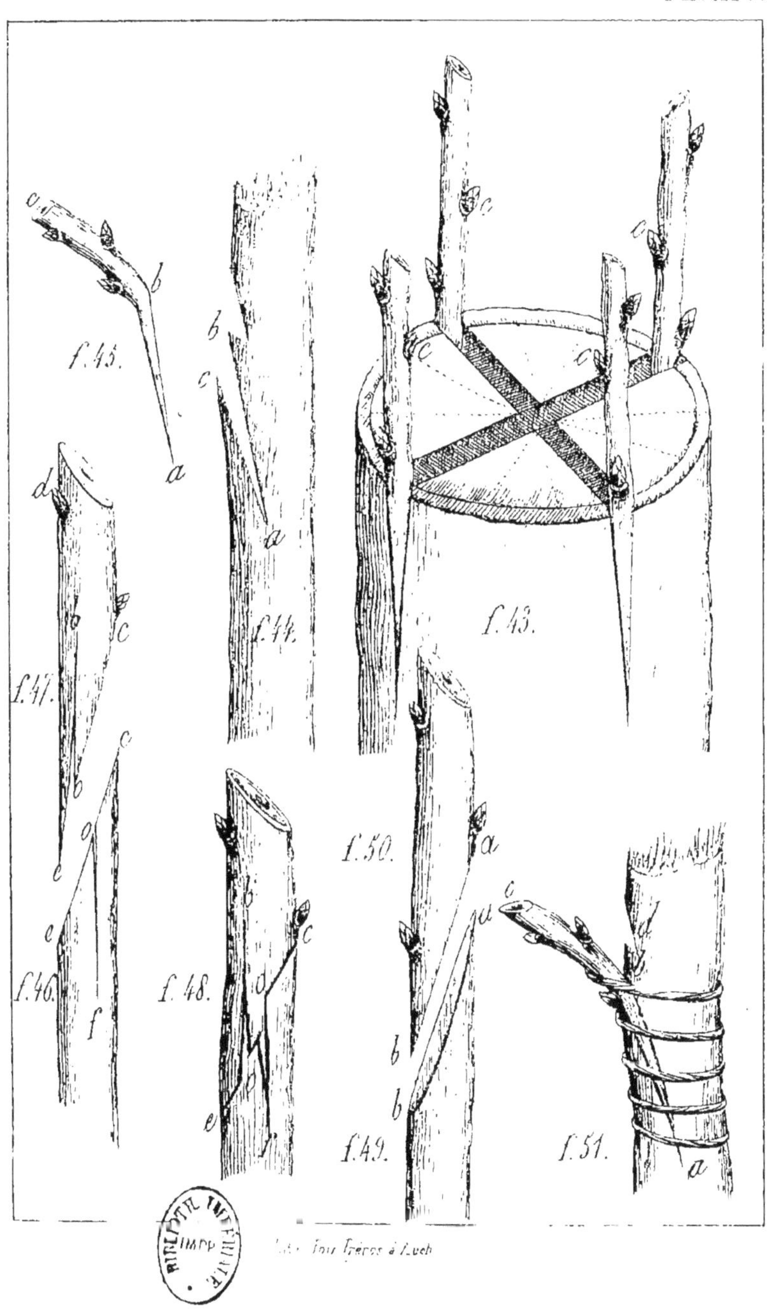

BIBLIOTH. IMPÉRIALE

Frères à Auch

EXPLICATION

De la Planche XV.

Explication

DES FIGURES DE LA PLANCHE XV.

Fig. 52 et 53. — Greffe en *fente anglaise* d'un sujet plus gros que la greffe. (Page 96.)

Fig. 54. — Scion préparé pour un autre mode de greffe par *juxta-position*. (Page 98.)

Fig. 55. — Sujet préparé pour la greffe précédente.

Fig. 56. — Scion préparé pour une variété de greffe par *enfourchement*. (Page 97.)

Fig. 57. — Sujet préparé pour la greffe précédente.

Fig. 58. — Scion préparé pour une autre variété de la même greffe. (Page 96.)

Fig. 59. — Sujet préparé pour la même greffe.

PL. XV.

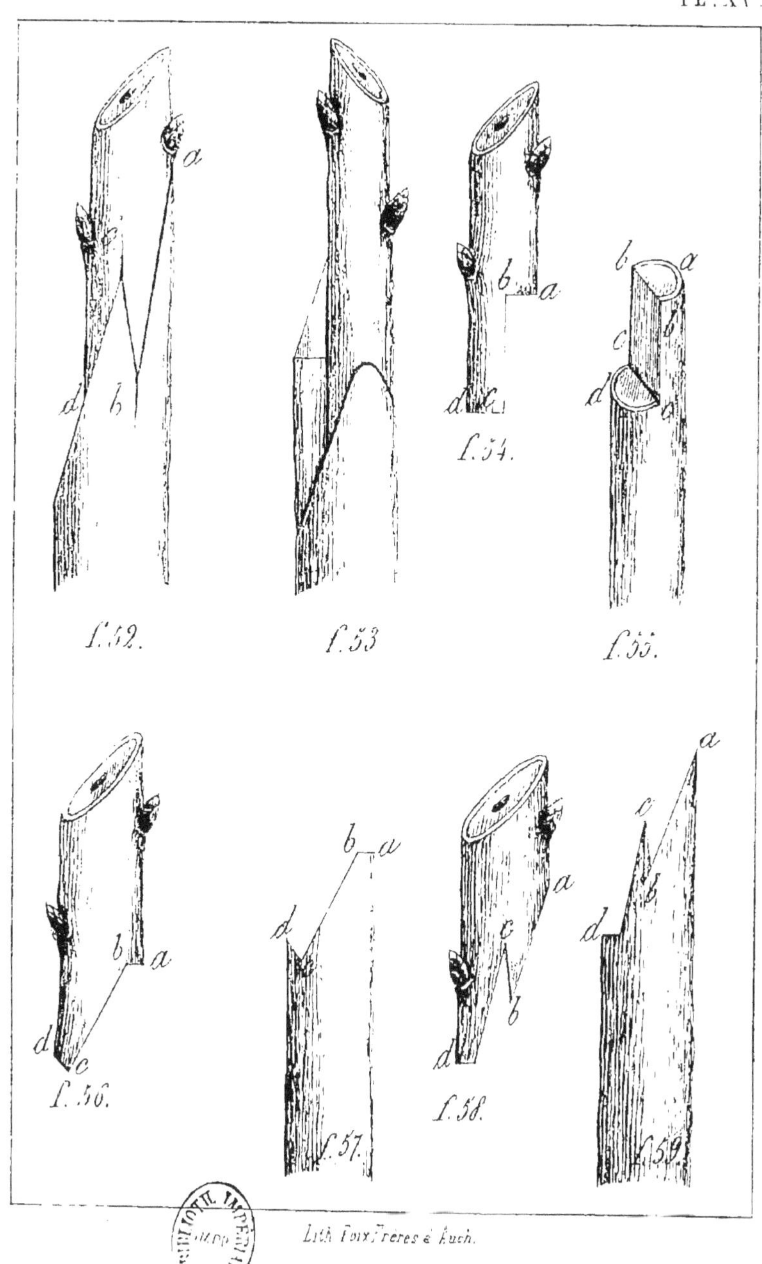

Lith. Foix, Frères & Kuch.

BIBLIOTH. IMPÉRIALE

EXPLICATION

De la Planche XVI.

Explication

DES FIGURES DE LA PLANCHE XVI.

Fig. 60. — Scion préparé pour une autre variété de greffe par *enfourchement*. (Page 97.)

Fig. 61. — Sujet préparé pour la même greffe.

Fig. 62. — Scion préparé pour une autre variété de la même greffe. (Page 97.)

Fig. 63. — Sujet préparé pour la même greffe.

Fig. 64. — Scion préparé pour la greffe par *enfourchement de la greffe dans le sujet*. (Page 98.)

Fig. 65. — Sujet préparé pour la même greffe.

Fig. 66. — Scion préparé pour la greffe par *enfourchement du sujet dans la greffe*. (Page 98.)

Fig. 67. — Sujet préparé pour la même greffe.

PL. XVI.

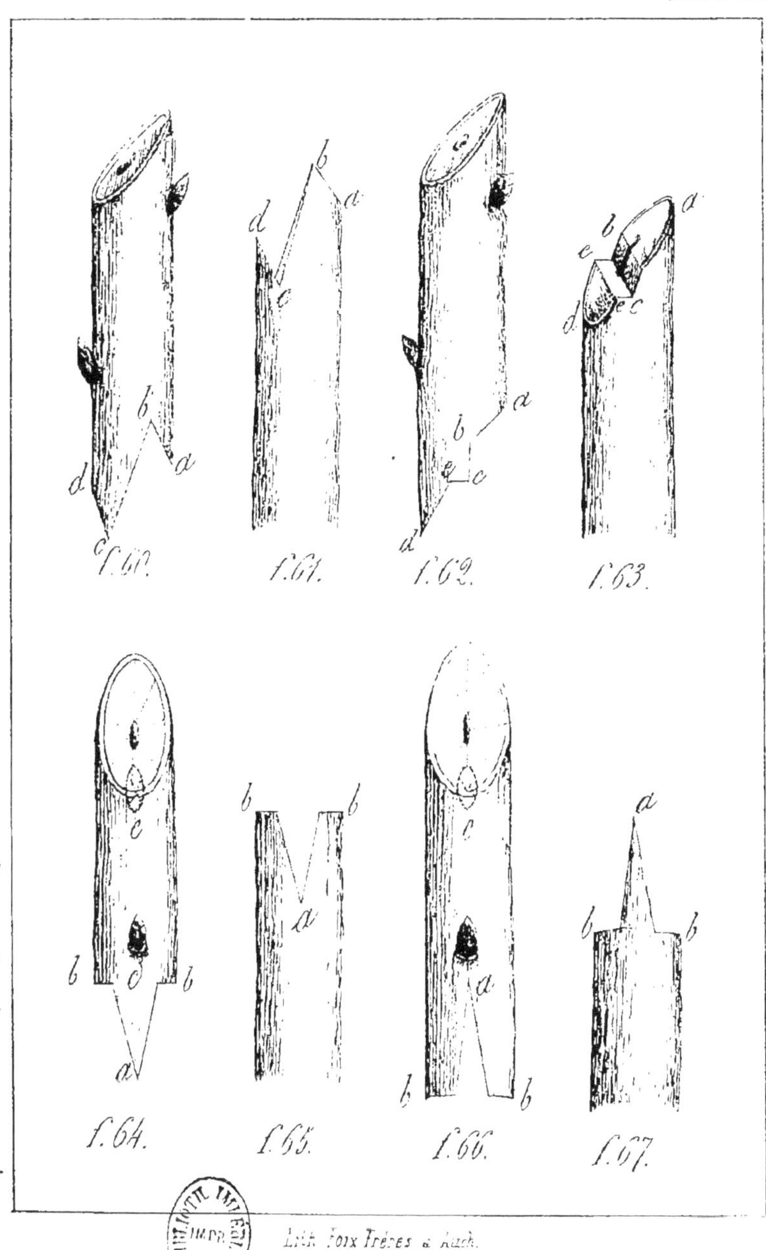

Lith. Foix Frères à Auch.

BIBLIOTH. IMPÉRIALE IMPR.

EXPLICATION

De la Planche XVII.

Explication

Des Figures de la Planche XVII.

Fig. 68.— Greffe par *enfourchement* d'une greffe plus petite que le sujet. (Page 99.)

Fig. 69.— Sarment de vigne préparé pour la greffe en *fente-bouture* de la vigne. (Page 91.)

Fig. 70.— Greffe en *fente-bouture* de la vigne. (Page 91.)

Fig. 71.— Greffe préparée pour la greffe en *cran ordinaire*. (Page 100.)

Fig. 72.— Sujet préparé pour la greffe en *cran*.

Fig. 73.— Greffe en *cran ordinaire*. (Exécutée page 100.)

Fig. 74.— Sujet préparé pour la greffe en *vrille*.

Fig. 75.— Greffe en *vrille* exécutée. (Page 103.)

Fig. 76.— Greffe préparée pour la greffe en *navette* par entaille du sujet. (Page 106.)

Fig. 77.— Sujet préparé pour la même greffe.

Fig. 78.— La même greffe opérée. (Page 106.)

PL . XVII.

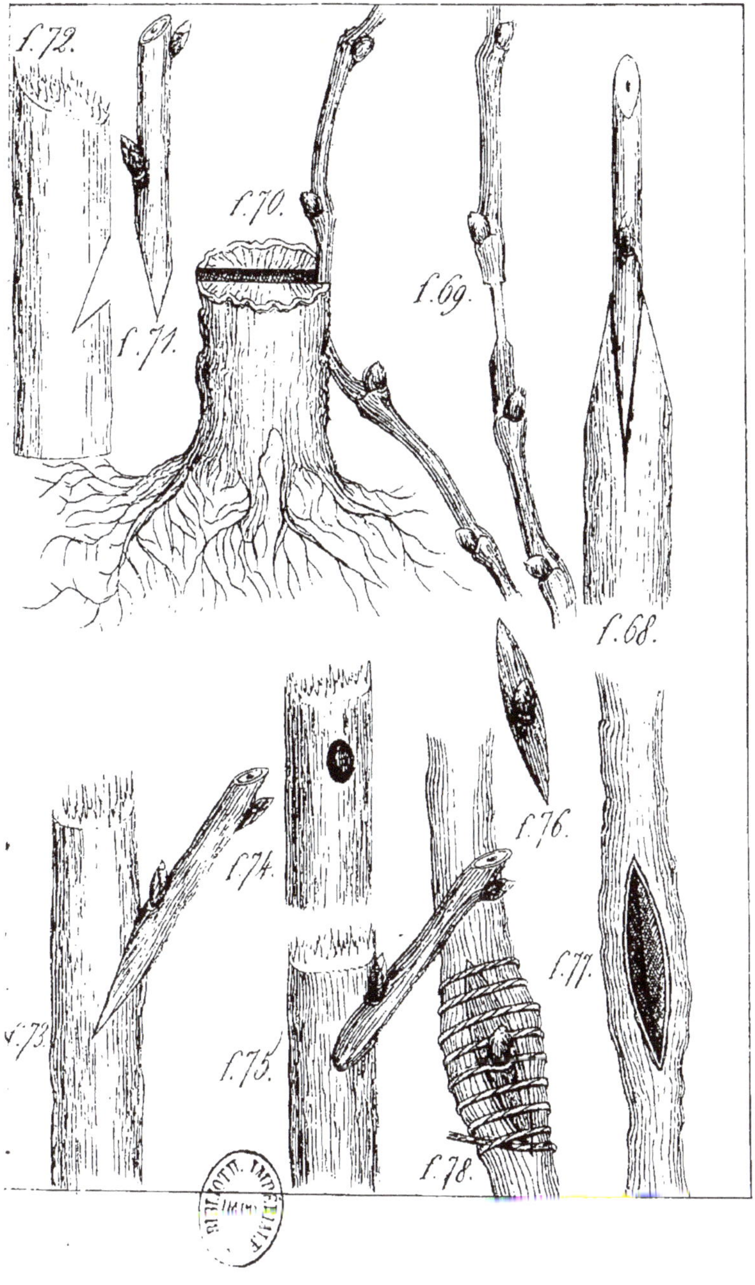

BIBLIOTH. IMPÉRIALE

EXPLICATION

De la Planche XVIII.

Explication

DES FIGURES DE LA PLANCHE XVIII.

Fig. 79. — Sujet préparé pour la greffe en *navette* en fendant le sujet. (Page 106.)

Fig. 80. — Greffon préparé pour la même.

Fig. 81. — La même greffe opérée. (Page 106.)

Fig. 82. — Greffe en *fente à quatre scions* à fentes excentriques. (Page 89.)

Fig. 83. — Greffe en fente excentrique de la vigne, pour ne pas offenser la moëlle. (Page 92.)

Fig. 84. — Extrémité de sarment d'une greffe de vigne enterrée, protégée par deux branches en croix, plantées en terre par leur extrémité. (Page 90.)

Fig. 85. — Greffe par *approche herbacée*, d'un genre bourgeon de pêcher. (Page 71.)

Fig. 86. — Greffon taillé en coin pour la greffe en couronne. (Page 112.)

Fig. 87. — Greffon taillé en biseau pour la greffe en *couronne*. (Page 112.)

Fig. 88. — Greffon taillé avec un arrêt pour la greffe en *couronne*. (Page 112.)

Fig. 89. — Greffon taillé avec un arrêt à angle aigu pour la greffe en *couronne* avec cran sur la tête du sujet. (Page 112.)

PL. XVIII.

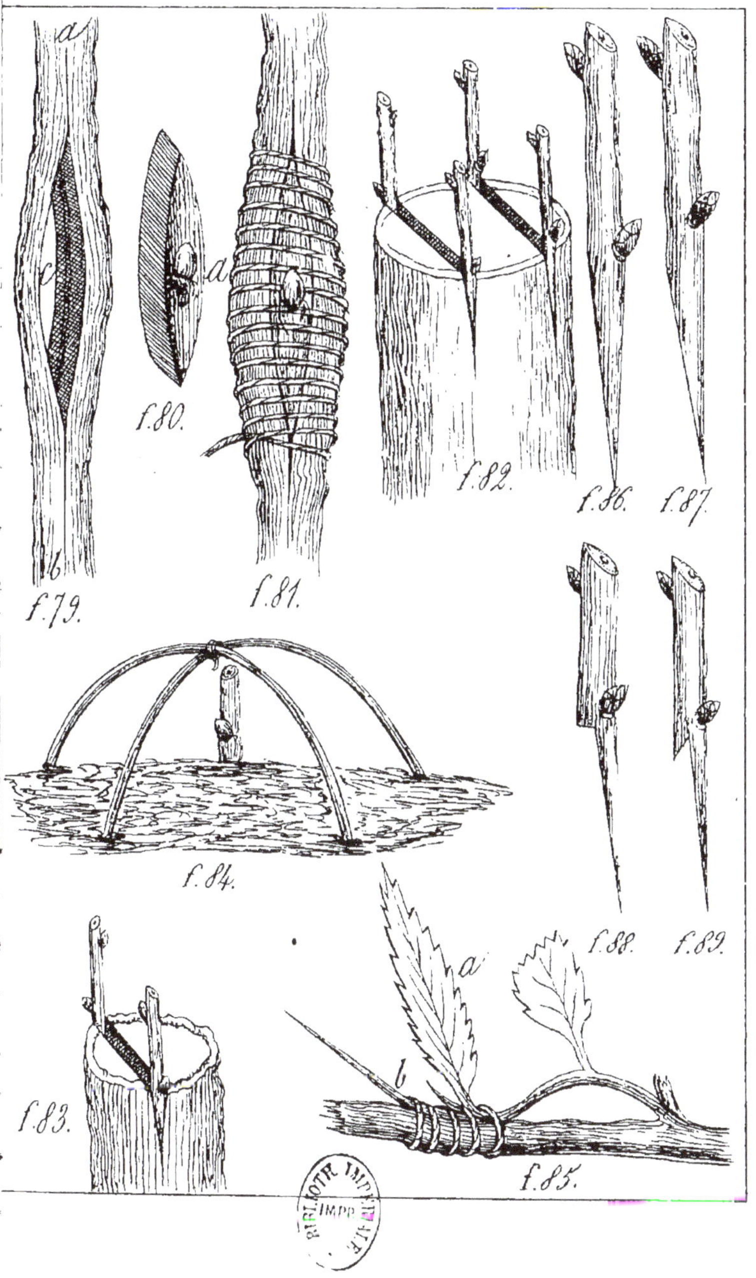

EXPLICATION

De la Planche XIX.

Explication

DES FIGURES DE LA PLANCHE XIX.

Fig. 90. — Greffe en *couronne en fendant l'écorce du sujet*. (Page 114.)

Fig. 90 (bis). — Greffe en *couronne ordinaire*. (Page 111.)

Fig. 91. — Sujet de la greffe en couronne à tête du sujet taillée en biseau. (Page 116.)

Fig. 92. — La même greffe opérée.

Fig. 93. — Sujet préparé pour la greffe en *couronne de côté*. (Page 118.)

Fig. 94. — Greffe en *couronne ordinaire* avec deux greffons à bois et deux greffons à fruit. (Page 112.)

Fig. 95. — Greffon pour la greffe en *couronne de côté*.

Fig. 96. — Greffon pour la greffe en *cran par entaille triangulaire*. (Page 101.)

Fig. 97. — Sujet de la même greffe.

Fig. 98. — La même greffe opérée. (Page 101.)

Fig. 99. — Greffon préparé pour la greffe en *couronne à tête du sujet taillée en biseau*. (Page 116.)

Fig. 100. — Sujet pour les greffes en couronne avec un cran sur la tête du sujet.

Fig. 101. — Greffoir NOISETTE pour entailler les sujets et les greffons de la greffe en cran par entaille triangulaire. (Page 101.)

PL. XIX.

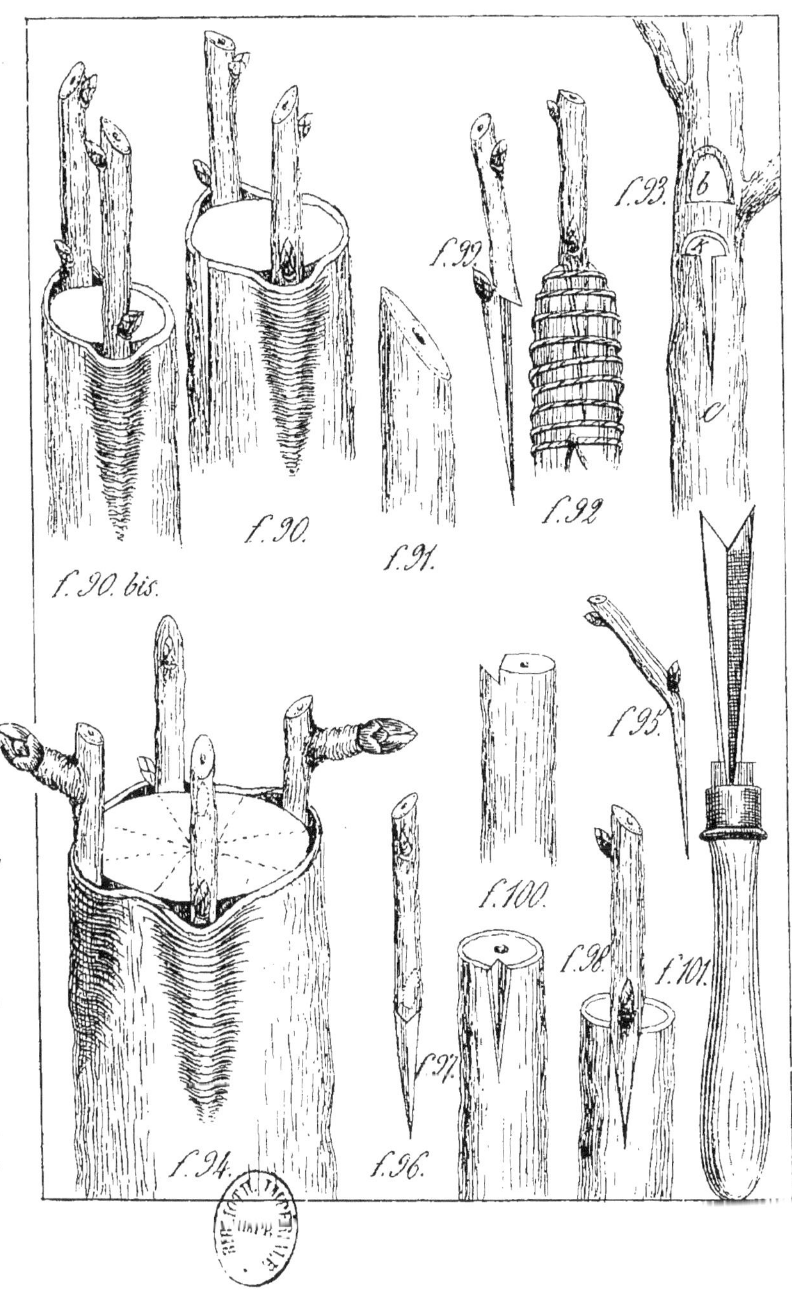

EXPLICATION

De la Planche XX.

Explication

DES FIGURES DE LA PLANCHE XX.

Fig. 102. — *Ecusson* levé pour la *greffe en T droit*. (Page 127.)

Fig. 103. — Sujet avec les fentes transversale et longitudinale pour la même greffe à *œil dormant*.

Fig. 104. — *Greffe en T droit* exécutée (Page 127.)

Fig. 105. — Sujet préparé pour la greffe en *écusson en ⊥ renversé*. (Page 137.)

Fig. 106. — Ecusson préparé pour la même greffe.

Fig. 107. — La même greffe exécutée. (Page 137.)

Fig. 108. — *Ecusson* levé sans incision transversale. (Pages 130 et 131.)

Fig. 109. — Greffe en *T droit à œil poussant*. (Page 135.)

Fig. 109. — Greffe en *⊥ renversé à œil poussant*, l'œil dirigé vers le haut.

Fig. 110. — Greffe en *⊥ renversé à œil poussant*, l'œil dirigé vers le bas.

PL. XX.

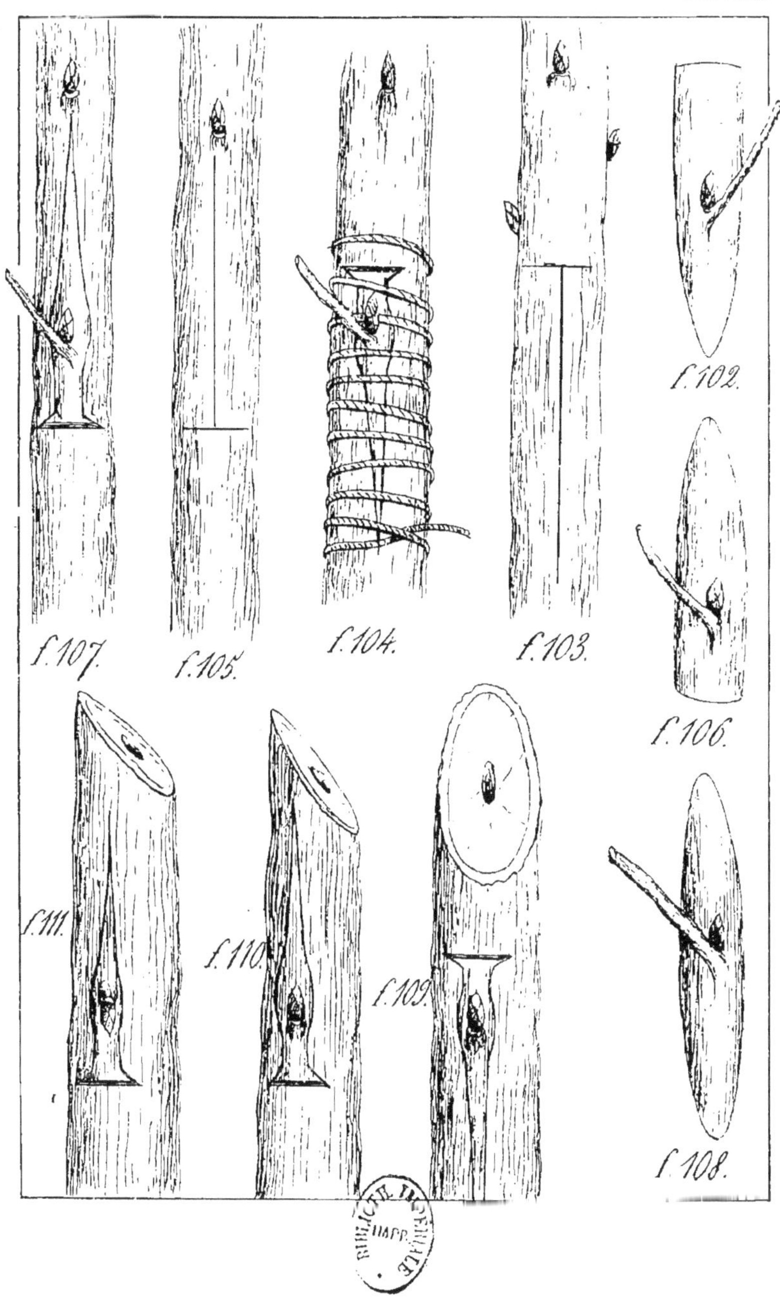

BIBLIOTH. IMPÉRIALE · IMPP.

EXPLICATION

De la Planche XXI.

Explication

DES FIGURES DE LA PLANCHE XXI.

Fig. 114. — Sujet pour la greffe en *flûte à œil poussant* sur lequel on a fait les deux incisions transversales tout autour du sujet et longitudinale pour enlever l'écorce nécessaire. (Page 142.)

Fig. 115. — Sujet pour la même greffe, l'anneau d'écorce enlevé. (Page 145.)

Fig. 116. — Greffon préparé pour la même greffe. (Page 143.)

Fig. 117. — La même greffe exécutée. (Pages 142 à 144.)

Fig. 118. — Tête du sujet taillée en biseau pour la même greffe. (Page 142.)

Fig. 119. — Greffon taillé en biseau pour la même greffe. (Page 143.)

Fig. 120. — Greffe *en flûte à œil dormant*. (Page 146.)
c d Greffon coupé carrément.
e f Greffon coupé en biseau, écorce supposée fendue du côté opposé. (Page 146.)

Fig. 121. — Greffon pour la greffe *en flûte* à sujet plus petit que le greffon dont on a enlevé un lambeau d'écorce *a b c d*. (Page 144.)

Fig. 122. — Sujet de la même greffe.

Fig. 123. — La même greffe exécutée. (Page 144.)

Fig. 124. — Sujet pour la greffe *en flûte* à sujet plus gros que le greffon. (Page 145.)

Fig. 125. — Greffon pour la même greffe. (Page 145.)

Fig. 126 — La même avec le greffon placé sur le sujet.

Fig. 127. — La même exécutée.

Fig. 128. — Lambeau d'écorce muni d'un bourgeon à placer dans le vide de la fig. 126. (Page 145.)

PL. XXI.

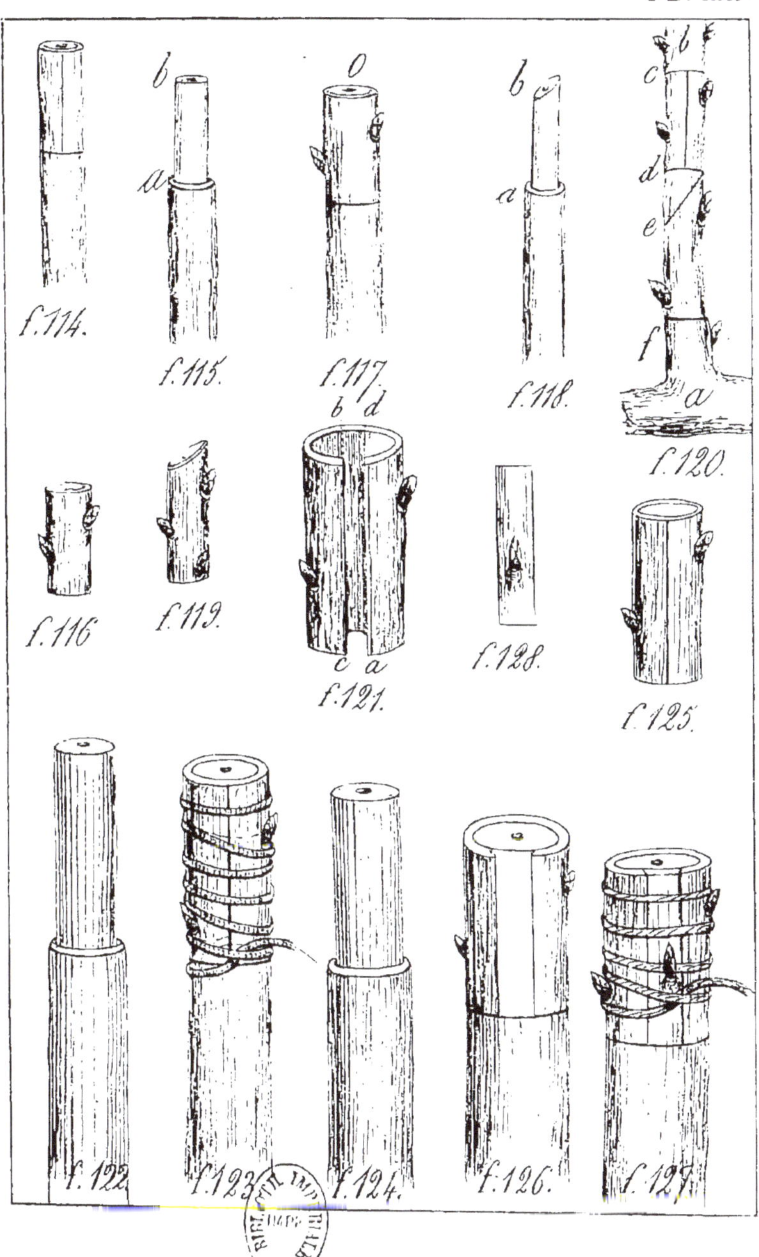

BIBL. IMPERIALE

EXPLICATION

De la Planche XXII.

Explication

DES FIGURES DE LA PLANCHE XXII.

Fig. 129. — Sujet préparé pour la greffe en *flûte à œil dormant*. (Page 146.)

Fig. 130. — La même greffe exécutée.

Fig. 131. — Greffe en *flûte avec lanières d'écorce* exécutée. (Page 147.)

Fig. 132. — Greffon préparé pour la *greffe à œil poussant avec lanières d'écorce*. (Pages 147 à 149.)

Fig. 133. — Sujet préparé pour la même greffe.

Fig. 134. — La même greffe exécutée. (Pages 147 à 149.)

Fig. 135. — Sujet préparé pour la *greffe en placage*. (Page 150.)

Fig. 136. — Greffon préparé pour la même greffe.

Fig. 137. — La même greffe exécutée.

Fig. 138. — Greffon avec un point d'arrêt de chaque côté pour les greffes en fente de boutons à fruits.

Fig. 139. — Greffon taillé en coin pour les mêmes greffes.

Fig. 140. — Greffe de *bouton à fruit par approche* d'un rameau sur l'arbre auquel il tient. (Page 172.)

Fig. 141. — Greffon de bouton à fruit taillé en biseau allongé pour les greffes en couronne.

Fig. 142. — Greffon à deux boutons à fruit.

PL. XXII.

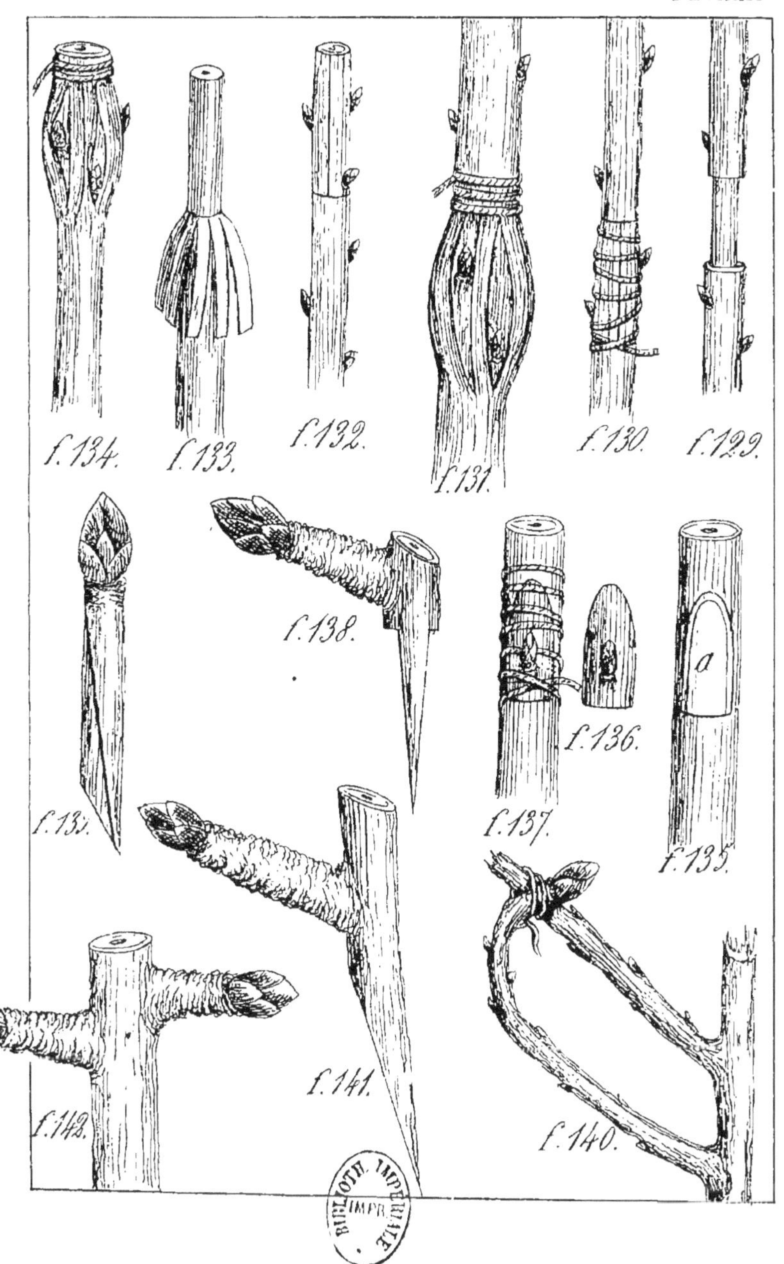

BIBLIOTH. IMPERIALE IMPR.

EXPLICATION

De la Planche XXIII.

Explication

DES FIGURES DE LA PLANCHE XXIII.

Fig. 143. — Greffe en *fente de boutons à fruit à deux branches.*

Fig. 144. — Greffe en *fente de boutons à fruit à tête du sujet taillé en biseau.* (Page 178.)

Fig. 145. — Greffe en *fente de côté de boutons à fruit.* (Page 180.)

Fig. 146. — Greffe de *boutons à fruit par entaille triangulaire.* (Page 185)

Fig. 147. — Greffe en *fente anglaise de boutons à fruit.* (Page 181.)

PL. XXIII.

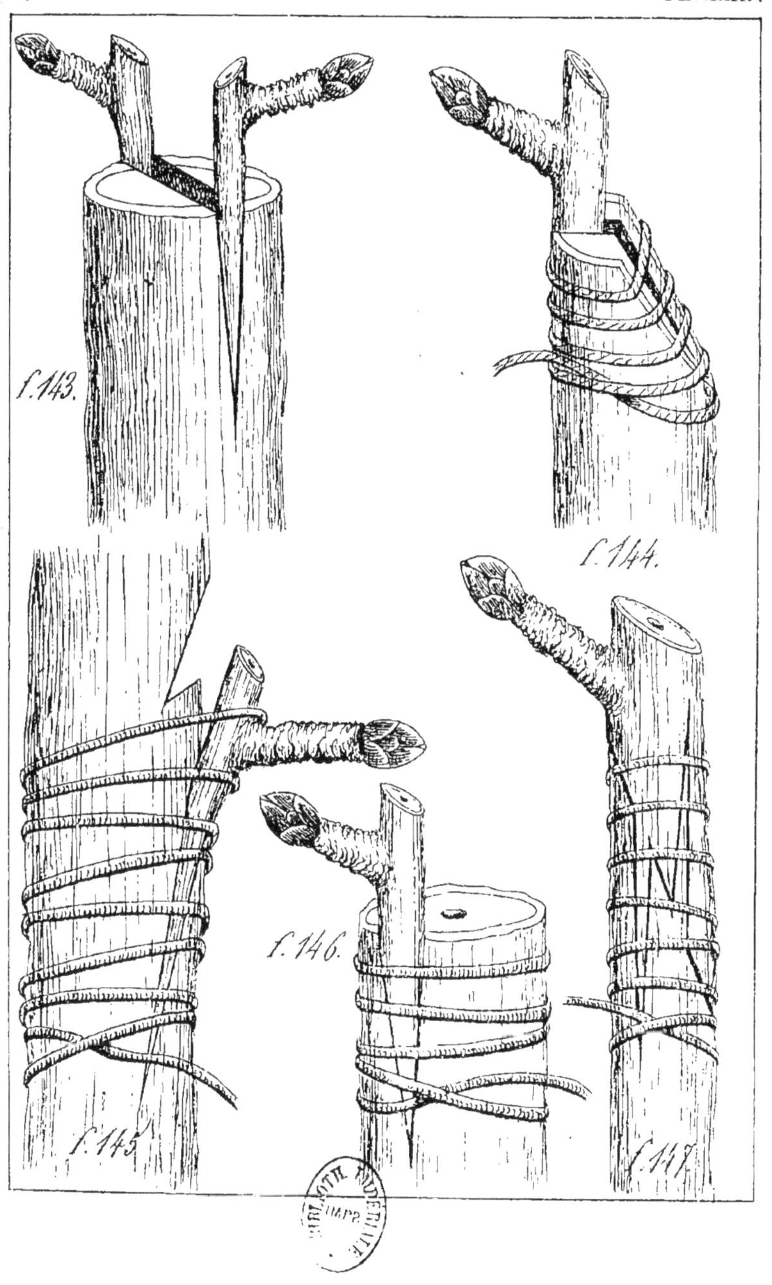

BIBLIOTH. NATIONALE IMPR.

EXPLICATION

De la Planche XXIV.

Explication

DES FIGURES DE LA PLANCHE XXIV.

Fig. 148. — Greffe en *couronne de côté* de boutons à fruit. (Page 189.)

Fig. 149. — Greffe *en couronne de boutons à fruit à tête du sujet taillée en biseau*. (Page 189.)

Fig. 150. — Greffe en *vrille de boutons à fruit*. (Page 185.)

Fig. 151. — Greffe *en écusson boisé* de boutons à fruit. (Page 191.)

PL. XXIV.

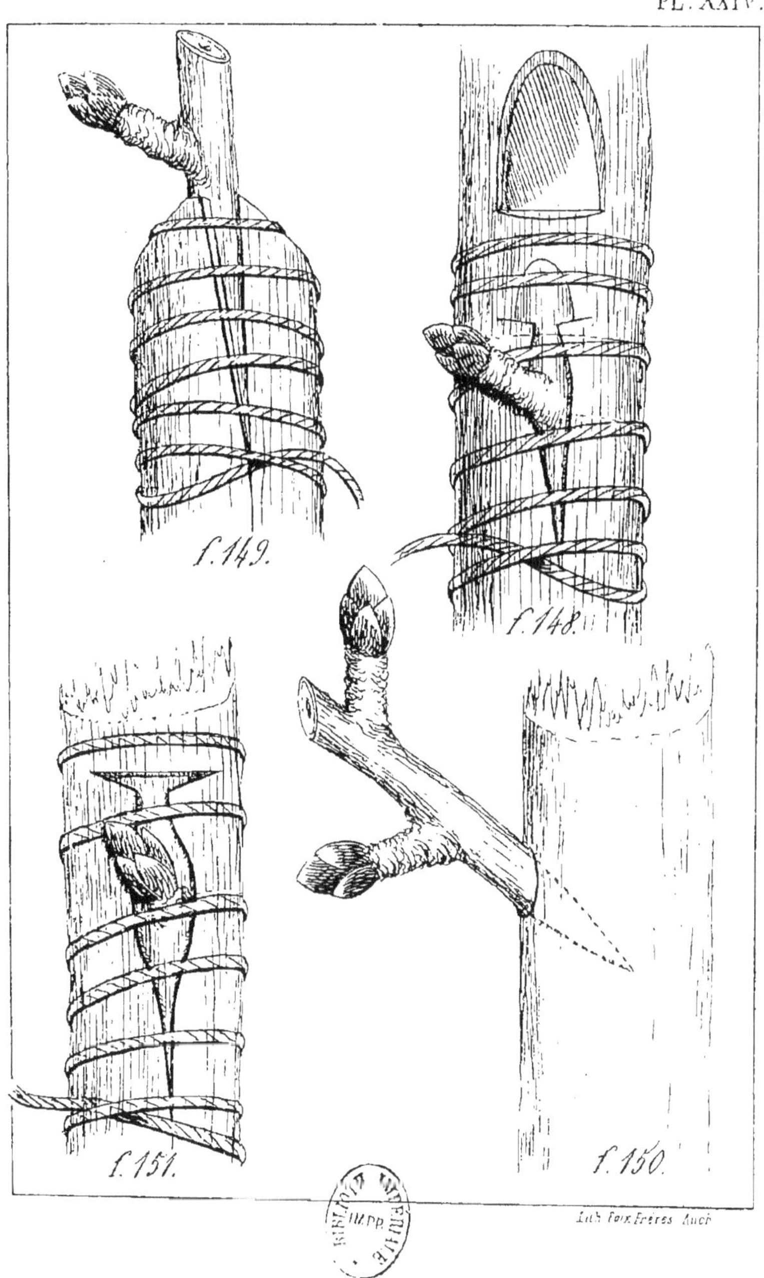

Lith. Foix Frères Auch

BIBLIOTHÈQUE IMPÉRIALE IMPR.

OUVRAGES DU MÊME AUTEUR.

Histoire naturelle des Mollusques terrestres et d'eau douce qui vivent en France, 6 fascicules in-4°, chacun de 20 feuilles de texte environ et de 5 à 6 planches, 1847-1852 .... 10 fr. le fasc.

Il a été tiré quelques exemplaires de luxe sur grand papier. Prix .... 15 fr.

Essai sur les Mollusques terrestres et fluviatiles du département du Gers, et leurs coquilles vivantes et fossiles. 1 vol. in-8° avec une planche lithographiée, 1843 .... 3 fr.

Florule du département du Gers et des contrées voisines, ou moyen facile d'arriver à la détermination des plantes qui y croissent spontanément. 1 vol. in-32, 1847 .... 2 fr.

Tableau de la conduite et de la taille des arbres fruitiers. In-plano sur gr. colombier avec 80 fig. lithographiées, 1851 .... 1 fr. 50

De la culture du Framboisier dans le Sud-Ouest de la France. Quelques pages in-8° avec une planche, 1857 .... 50 c.

Question préliminaire à la culture des Arbres fruitiers, 16 pages in-8°, 1857 .... 50 c.

Revue Agricole et Horticole, bulletin de la Société d'agriculture et d'horticulture du Gers, publié sous la direction de M. l'abbé D. Dupuy, secrétaire de la société, 1853-1859, un vol. in-8° par an. — Recueil mensuel. — 6 vol. publiés, le 7e en cours de publication .... 6 fr. le vol.

BIBLIOTHEQUE NATIONALE DE FRANCE
3 7531 04113588 1

www.ingramcontent.com/pod-product-compliance
Lightning Source LLC
Chambersburg PA
CBHW060418200326
41518CB00009B/1396
9782019567989